燃气带压接(切)线技术

主编：孔繁跃　颜丹平
主审：高顺利

中国建筑工业出版社

图书在版编目（CIP）数据

燃气带压接（切）线技术/孔繁跃，颜丹平主编.
北京:中国建筑工业出版社，2015.8
ISBN 978-7-112-18338-8

Ⅰ.①燃… Ⅱ.①孔…②颜… Ⅲ.①天然气管道-
管道工程 Ⅳ.①TE973⑨

中国版本图书馆 CIP 数据核字（2015）第 175965 号

燃气带压接（切）线技术

主编：孔繁跃　颜丹平

主审：高顺利

*

中国建筑工业出版社出版、发行（北京西郊百万庄）

各地新华书店、建筑书店经销

霸州市顺浩图文科技发展有限公司制版

环球印刷（北京）有限公司印刷

*

开本：850×1168毫米　1/32　印张：4¼　字数：111千字
2015年9月第一版　2015年9月第一次印刷
定价：**18.00**元
ISBN 978-7-112-18338-8
（27485）

主要包括的内容有：专业名词解释，燃气带压接（切）线安全技术相关要求，手工降压接（切）线作业操作要求，燃气管道不停输接线、切线、改线作业操作要求，燃气 PE 管不停输作业操作要求等内容，书最后还有附录。本书系统地介绍了燃气带压接（切）线的基本知识和操作流程，总结了城市燃气带压接（切）线安全技术要求、方法和注意事项，具有很强的实用性和可操作性。

本书可供从事城市燃气管道带压接（切）线技术的管理和操作人员使用，也可供城市燃气专业大专院校师生使用。

＊　　　＊　　　＊

责任编辑：胡明安
责任设计：张　虹
责任校对：李欣慰　张　颖

前　言

本书为燃气带压接（切）线作业技术的指导用书，规范燃气行业带压接（切）线操作，提高作业效率和保证作业安全，一直是编者们的心愿。

本书结合我国目前燃气事业的发展及应用要求，系统、简要地介绍了燃气带压接（切）线的基本知识和操作流程。主要内容包含：专业名词解释，燃气带压接（切）线安全技术相关要求，手工降压接（切）线作业操作要求，燃气管道不停输接线、切线、改线作业操作要求，燃气 PE 管不停输作业操作要求等内容。

本书由北京市燃气集团有限责任公司高压管网分公司组织编写，全书主编孔繁跃、颜丹平，参加编写的人员有：赵欣、霍志刚、张海涛、吴楠、荆亚州、李卫宜、晋铁汉、王耕宇、张帅、王一君，全书由高顺利主审。

本书作者多年来一直从事城市燃气的安全技术管理工作，具有丰富的实践经验。本书系统地总结了城市燃气带压接（切）线安全技术要求、方法和注意事项。书中阐述的接（切）线方法都已经在北京燃气应用和实施，具有很强的可操作性和指导性。本书可供从事城市燃气管道带压接（切）线技术的管理和操作人员使用，也可供城市燃气专业大专院校师生使用。

本书在编写过程中参考了相关专家、学者的研究成果和论文，在此表示衷心感谢。由于编者水平所限，书中错误和不妥之处难免，敬请读者批评指正。

编　者

目　录

第1章 专业名词解释

1.1 危险作业

指高处作业、沟槽作业、有限空间作业、燃气危险作业、带电作业、吊装作业、置换作业等危险性较大的作业。

1. 高处作业：指在坠落高度基准面大于2m高处进行的作业。

2. 沟槽作业：指沟槽土方开挖、支撑围护及沟槽的降水和排水等内容，土方开挖包括放坡开挖和支护开挖。工程上一般指底宽3m以内且底长大于底宽3倍以上按槽计算。

3. 有限空间作业：指作业人员进入有限空间（封闭或部分封闭，进出口较为狭窄有限，未被设计为固定工作场所，自然通风不良，易造成有毒有害、易燃易爆物质积聚或氧含量不足的空间，或进入深度大于1.5m封闭或敞口的通风不良空间）实施的作业活动。

4. 燃气危险作业：特指燃气施工、维修、抢修过程中的带压动火作业（包括人工接（切）线和机械开孔等作业）和带气不动火作业（包括停、通气作业、降压作业、设备维检修、吹扫置换、更换设备和加拆盲板等作业）。

5. 带电作业：工作人员接触带电部分的作业或工作人员用操作工具、设备或装置在带电区域的作业。

6. 吊装作业：利用各种机具将重物吊起，并使重物发生位置变化的作业过程。

7. 置换作业：分为直接置换和间接置换。

（1）直接置换：采用燃气置换燃气设施中的空气或采用空气置换燃气设施中燃气的过程。

（2）间接置换：采用惰性气体或水置换燃气设施中的空气后，再用燃气置换燃气设施中的惰性气体或水的过程；或采用惰性气体或水置换燃气设施中的燃气后，再用空气置换燃气设施中的惰性气体或水的过程。

1.2 土方工程

1. 土方工程：指燃气管线带压接、切、改线工程中工作坑的开挖、回填。

2. 接线工作坑：是指新管线与带压管线接口的工作坑。

3. 切线工作坑：是指带压管线废除切断的工作坑。

4. 改线工作坑：是指带压管线因客观因素改移管线位置时的工作坑。

5. 工作坑：详细尺寸见附件 3。

（1）接线工作坑应以带压管线的埋深、管径及新管线的走向为依据，确定工作坑的长度、宽度和深度，详见图 1-1～图 1-4，其中 L 表示作业坑长度，W 表示作业坑单侧宽度，H 表示带压管管底深度。

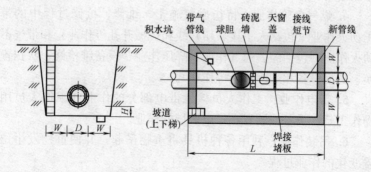

图 1-1　手工直碰接线作业坑

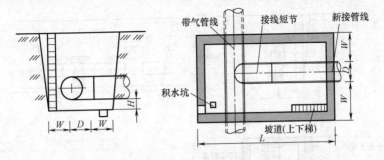

图 1-2 手工三通接线工作坑

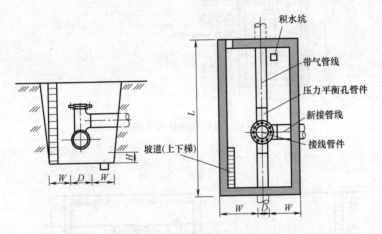

图 1-3 机械三通接线工作坑

（2）切线工作坑应以带压管线的埋深、管径为依据，确定工作坑的长度、宽度和深度，详见图 1-5、图 1-6。

（3）改线工作坑应以带压管线的埋深、管径及新铺设的临时或永久管线为依据，确定甲、乙工作坑的长度、宽度和深度，机械临时改线工作坑见图 1-7、机械永久改线工作坑见图 1-8。

6. 工作坑开挖： 分为人工开挖和机械开挖。

（1）**人工开挖：** 指作业人员使用锹镐等工具进行开挖。

（2）**机械开挖：** 指作业人员使用挖掘机、风镐等机械挖掘设备进行开挖。

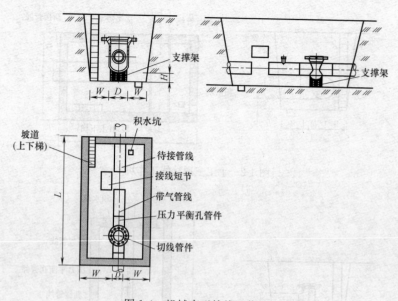

图 1-4　机械直碰接线工作坑

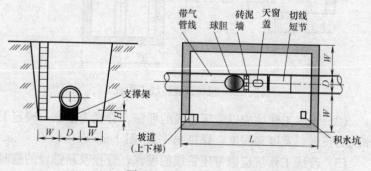

图 1-5　手工切线作业坑

7. 工作坑断面形式：梯形槽、直槽、混合形槽（图 1-9～图 1-11）。

8. 工作坑支撑：对于土质较差、深度较大，不能满足放坡要求而又必须挖成直槽时，为防止沟槽坍塌，保障作业安全临时采取的防范措施。

4

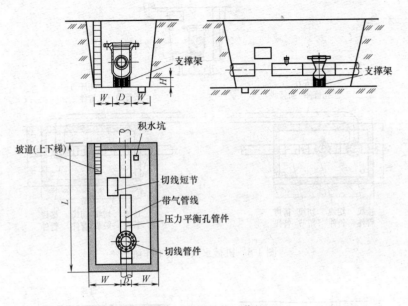

图 1-6　机械切线工作坑

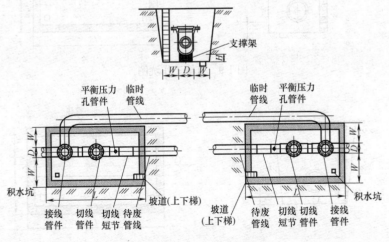

图 1-7　机械临时改线工作坑

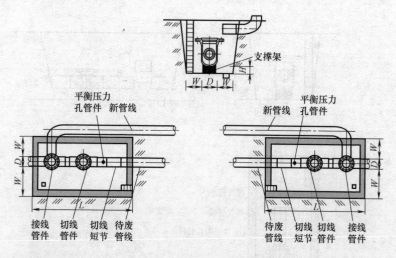

图 1-8　机械永久改线工作坑

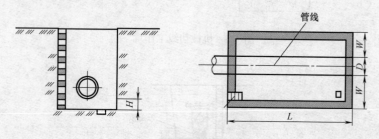

图 1-9　直槽工作坑图

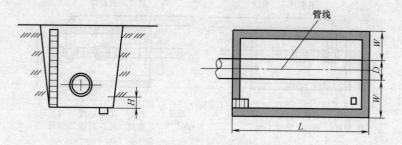

图 1-10　梯形槽工作坑

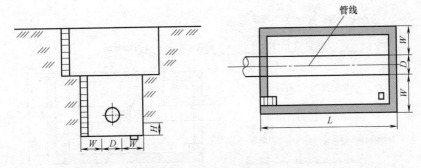

图 1-11　综合槽工作坑

9. 锚喷混凝土加固：是指专业单位实施在基坑坑壁施加锚杆并挂钢筋网后喷射混凝土。作用是主动加固坑壁，发挥坑壁的支撑能力。

10. 工作坑排水：对于地下水位较高、雨天作业或附近雨、污水管道渗漏时采取的人工或机械排水措施。

11. 工作坑回填：作业结束后为避免管线长期暴露及工作坑坍塌进行的回填土作业。

1.3 手工作业

1. 手工接线：是指在燃气管线放散、降压到一定压力值时利用气割在管道上方或侧面开天窗后，对接新管，同时对新管线进行置换，取样检测合格后对新管接口处进行焊接。接线方式一般分为两种：直碰接法和三通接法。

(1) 直碰接法：燃气管线末端接新线，见图 1-12。

(2) 三通接法：燃气管线侧面接新线，见图 1-13。

2. 手工切线：是指在燃气管线放散、降压到一定压力值时利用割炬在管道上开天窗后，在管道内来气方向打球胆砌墙，同时对废弃管线进行吹扫置换，管线末端放散，检测合格后（燃气浓度小于1%）对旧管进行断管，带压管焊接封头或堵板，见图 1-14。

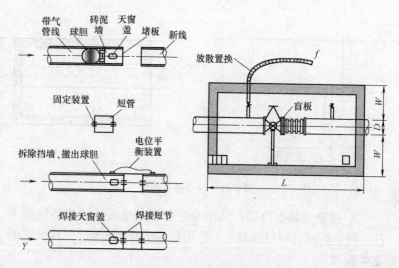

图 1-12　手工直碰接线

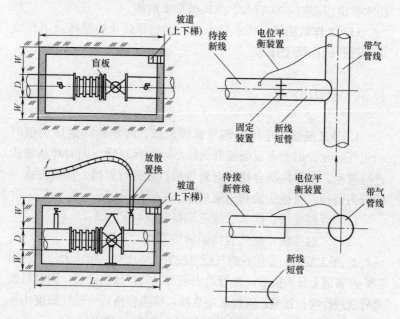

图 1-13　手工三通接线

8

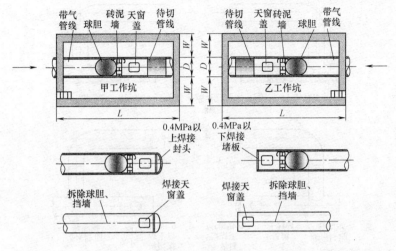

图 1-14　手工切线

3. 燃气浓度小于 1%：是指天然气实际体积浓度的 1％，即天然气爆炸下限 5％的 20％，一般用燃气检测仪 XP-311 及"四合一"燃气检测仪检测，如用"HS660"燃气检测仪检测燃气浓度时，应低于 10000ppm。

4. 燃气污染区：作业现场环境浓度大于 1％，视为燃气污染区。

5. 手工改线：是指在改线管段的两端利用手工接线、手工切线工艺实施，达到改线的目的，改线作业应先接线后切线，见图 1-15～图 1-17。

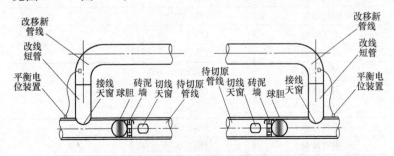

图 1-15　手工改线图

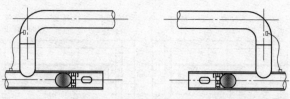

图 1-16　手工先接新线短节、后切断待改管线

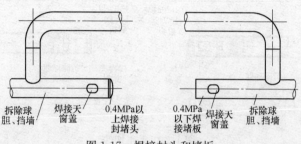

拆除球　　焊接天　　0.4MPa以　　0.4MPa　　焊接天　　拆除球
胆、挡墙　窗盖　　上焊接　　以下焊　窗盖　胆、挡墙
封堵头　　接堵板

图 1-17　焊接封头和堵坂

6. 管道开天窗：指在燃气钢制管道顶部，利用割炬切割成椭圆形孔洞。

7. 打球胆：利用管道天窗向管道内来气方向放置特制橡胶球胆，向球胆内充入氮气，达到阻气作用，其充气压力不得高于球胆额定压力，见表 1-1。

球胆额定压力表		表 1-1
产品名称	直径(mm)	充入内压(kPa)
阻气球胆	DN100	8
阻气球胆	DN150	7
阻气球胆	DN200	5
阻气球胆	DN250	5
阻气球胆	DN300	4
阻气球胆	DN400	3
阻气球胆	DN500	2
阻气球胆	DN600	2
阻气球胆	DN700	2

注：阻气球胆外压低于内压。

10

8. 砌墙：是指放入球胆后，在球胆下游利用红砖和耐火黏泥砌筑的隔墙，能够挡住球胆不发生位移，并起到防护密封的作用。

9. 电位平衡线：是指原有燃气管线和新接管线之间利用导线使其两端电位平衡。

10. 补强天窗盖：压力级制为中压以上或管径 $DN300$（含）以上时，为防止焊接天窗盖时产生的应力裂纹，在原天窗盖位置上加焊大于原天窗盖的补强盖。其规格一般大于原天窗盖周边 5cm，壁厚大于或等于原母管壁厚。

11. 作业压力：管径 $DN300$ 及以上应将压力降至 100Pa 以下，管径 $DN300$ 以下的宜将压力降至 200Pa 以下。

12. 置换压力：燃气压力为 400～800Pa。

1.4 机械作业

1. 接线作业：是指在燃气母管上焊接接线管件，利用开孔机进行开孔，对新管线末端进行放散、置换检测合格后，实现接线目的。

2. 切线作业：是指在燃气母管上焊接切线管件，利用开孔机、封堵器进行开孔、封堵，对废弃管线末端进行放散和吹扫，检测合格后断管，焊接堵板或封头。

3. 改线作业：是指在改线管段的两端利用机械接线、机械切线工艺实施，实现改线目的。

4. 接线管件：按压力级制分为三通管件、四通管件、球形管件。

5. 切线管件：按压力级制分为四通管件、球形管件。

6. 法兰堵塞：根据不同压力级别、管径及开孔或封堵的规格所加工的特制部件，该部件是接线管件或切线管件的组成部分，其密封方式为橡胶○形圈。法兰堵塞对应于堵塞法兰，堵塞法兰又分为锁锥式和锁块式两种类型。

7. 液压站：是为开孔机、封堵器和夹板阀提供动力源的设备。

8. 开孔机：实现燃气管道在密闭状态下进行套料切削的专用设备。

9. 接线连箱：用于连接开孔机和夹板阀，并将接线刀具置于其中。

10. 切线连箱：用于连接开孔机和夹板阀，并将切线刀具置于其中。

11. 接线刀：用于燃气管线接线的专用刀具。

12. 切线刀：用于燃气管线切线的专用刀具。

13. 中心钻：用于接线、切线刀定位，同时本体设有 U 型卡环，用于取出马鞍块或切块。

14. 夹板阀：连接开孔封堵设备的专用闸阀。

15. 封堵器：与开孔机配套使用的不停输封堵设备。

16. 封堵连箱：用于连接封堵器和夹板阀，并将膨胀筒置于其中。

17. 膨胀筒：用于燃气管线切线或改线时堵塞气源的专用部件。

18. 下堵器：用于开孔、封堵作业结尾（或再次利用封堵）时对接线管件或切线管件顶部的法兰堵塞进行封堵（或提取堵塞），以便拆卸或连接相关设备。

19. 下堵连箱：用于连接下堵器和夹板阀，并将堵塞置于其中。

20. 下堵接柄：用于连接下堵器和法兰堵塞的专用部件。

21. 平衡压力装置：由 1.0MPa、1.6MPa、2.5MPa 三种不同量程压力表，放散阀为直径 DN25 高压球阀及高压软管组成。将平衡压力装置与接线、切线、封堵、下堵连箱连接后，可使连箱内的压力平衡于母管内压力。

22. 作业设备专用支撑架：对于作业设备重量叠加于管道，或悬空管过长造成管道下沉、损坏而使用的管底支撑架。

12

1.5 电气焊焊接工艺

1. 电气焊焊接工艺：是指焊接过程中的一整套技术工艺。包括焊接方法、焊前准备、焊接材料、焊接设备、焊接顺序、焊接操作、工艺参数以及焊后热处理等。

2. 气焊气割工艺：是指利用氧气、乙炔气及焊枪、割炬、氧气管、乙炔管等配套设备实现对金属切割、焊接。

3. 气体保护焊：设计压力 1.0MPa 以上焊封头或直碰管段（如更换直管段、绝缘接头等）时宜采用气体保护焊。

4. 电焊工艺：泛指使用交直流焊机及焊条对金属管件进行焊接。包括：手工电弧焊和气体保护焊。

1.6 焊接检验

焊接检验：对焊口和焊接件的质量，采用目测、皂液以及按有关规程和标准所进行的无损检验，包括：超声波检测、射线探伤、磁粉探伤及气密性试验。

1.7 现场勘验

作业前应对施工现场进行实地察看，以充分掌握现场环境、作业方式等有效信息，并告知相关施工方作业坑开挖相关要求、带气管道防腐层剥离相关要求、作业环境相关要求、作业配合相关要求等，并签署相关现场勘验确认单，以确保后续作业顺利进行，应将现场勘验结果在方案交底时告知作业人员。

第2章 燃气带压接（切）线安全技术要求

2.1 作业人员要求

（1）作业人员必须进行安全培训，经安全教育培训考核合格的职工方可上岗操作。

（2）操作员经开孔封堵器械专业技术培训考试合格后方准上岗操作。

（3）特种作业人员及特种设备作业人员，包括电工、电气焊工、起重机械工等，须经国家有关部门培训考试合格，并取得资质证件。

（4）起重机司机应熟悉自己操作的起重机械性能及特点，并能及时检查和定期保养；指挥人员必须熟悉国家标准《起重吊运指挥信号》GB5082-1985，能了解一般起重机械性能及吊索具的荷载计算方法；吊装作业现场管理人员必要时应对相关操作人员进行方案交底。

（5）作业操作人员身体健康，心理健康，精神状况良好。

（6）严禁酒后作业。

2.2 劳动防护要求

（1）燃气带压作业区的作业人员除特殊工种外必须穿戴防静电工作服、纯棉内衣、防静电工作鞋、安全帽（安全帽合格有效，佩戴安全帽应符合要求）、防护手套，特殊工种按工种要求着装、佩戴。

（2）电气焊工进行气焊作业时必须佩戴防护镜，进行电焊时必须使用防护面罩。

（3）在有限空间内作业时应严格执行有限空间作业相关管理规定。

（4）夜间在道路上作业时，现场维护人员应穿着有反光标志的工作服。

（5）现场安全负责人应佩戴安全员标志。

2.3 作业设备工具要求

2.3.1 专业设备要求

使用的专用设备（开孔机、封堵器、下堵器、夹板阀、发电机、液压站等）必须进行安全技术检查，每年应定期或不定期进行维护保养，专业设备应随时处于良好的工作状态，电源线完整无破损无裸露、液压胶管无破损、快速接头连接可靠无污物、无泄漏，作业时应由专人操作。

2.3.2 起重设备要求

（1）严禁使用起重设备以外的设备进行吊装作业。使用非本单位吊车在吊装作业之前，必须对吊车司机进行必要的安全技术辅导培训，且应携带有效资质证件或复印件。

（2）吊装作业前必须对起重机械进行安全检查，检查内容包含吊钩、滑轮组、吊索等。

（3）对于履带吊起重设备作业范围的地面应平坦坚实，两机或多机抬吊时，单机负荷不应超过80％。

（4）严禁把起重机当作水平运输机使用，如在吊装就位后必须短距离行走时，吊件应用绳索拉住，要将吊臂置于履带正前方，吊件离地面不得超过50cm，吊件起重量应少于允许荷重的2/3。

（5）作业时，不容许进行维修保养，司机离开岗位时必须将吊件放下，并将起重机制动，工作完毕应将吊臂置于45°左右位置，吊钩收起，各种制动器刹住，各操纵手柄放在空挡位置，停熄发动机，并关好门上锁。

2.3.3 电气设备要求

（1）防爆灯具功能完好，发光正常。

（2）电气设备具备防漏电保护装置。

（3）防爆鼓风机应符合安全技术要求，吹扫用胶管无破损，电源线缆外皮无破损。

（4）发电机使用应符合设备操作规程要求，电焊机的使用应符合安全技术要求，并设专人看管。

（5）使用临时市电时，YYZ300、YYZ500 液压站必须配备自耦式低压启动柜。

2.3.4 作业工具要求

（1）应使用专用作业工具，标尺、标杆、扳手等，工、器具应符合安全技术使用要求。

（2）油压表、气压表、安全放散阀应在有效校验期内，表盘玻璃无破损，气瓶专用胶管、高压油管无破损无接头。

（3）检测仪器：

1）XP-311 系列检测仪分为 XP-311A、XP-3110 可燃气体检测仪。

2）XP-314 系列检测仪分为 XP-314、XP-3140 可燃气体检测仪。

3）四合一检测仪：GX-2012 复合气体检测仪（4 种气体）。

XP-311 系列、XP-314 系列、四合一等可燃气体检测仪完好并在有效检定期内，电源应充足，严禁在污染区内开启、调试或更换检测仪电池。

2.4 作业现场相关要求

2.4.1 防护设施要求

（1）正压送风式呼吸器面罩干净，无污物，连接胶管无破损，并设专人看管，严禁踩踏、挤压，进气采风口应设置在上风口位置。

（2）警示牌字体完整无缺损，无油渍，反光锥桶无破损，交通指示灯、导向标志灯完好无损。

（3）每一个作业地点应按要求配备合格有效的 4～6 具 ABC 类干粉灭火器，并设专人负责监护。

（4）进入有限空间作业时要正确使用安全带、救护绳。

（5）在缺氧及可燃气体泄漏和存在有毒有害气体时，必须采用强制通风措施，同时作业人员佩戴呼吸器。污染区内严禁摘、戴呼吸器。

2.4.2　气瓶管理要求

（1）氧气、乙炔、氮气瓶的运输、码放要求

采用汽车、手推车运输时，应隔离直立码放并采取牢固有效防撞防倒措施，气瓶搬运前应旋紧瓶帽，装卸时应轻装轻卸，严禁抛、滑、滚、碰。运输气瓶的车上严禁烟火，车上应备有相应的灭火器具，易燃物、油脂和带油污的物品不得与气瓶同车运输。回厂后应及时卸下乙炔瓶回库保管。

（2）氧气、乙炔、氮气瓶的使用要求

氧气、乙炔、氮气瓶的使用应符合安全技术要求。氧气瓶、乙炔瓶运输和使用前应检查瓶嘴、气阀、安全胶圈是否齐全，瓶身、瓶嘴是否有油类等。现场使用的乙炔瓶应直立并可靠接地，严禁使用绝缘材料在乙炔瓶下铺垫。氧气瓶、乙炔瓶使用时应加装防撞圈，严禁戴手套安装氧气表和乙炔表，安装氧气表和乙炔表前操作人员应站在气瓶嘴上风口，轻轻旋开阀门吹扫气瓶嘴，关闭阀门，正确安装氧气表和乙炔表，再轻轻旋开阀门检查连接严密性。乙炔表后应加装有效防回火装置，运输气瓶应安装气瓶保护帽。乙炔气瓶和氧气气瓶使用时，两者距离不得小于 5m，不得靠近热源和电气设备，夏季要有遮阳措施防止暴晒，与明火的距离一般不小于 10m。发生气瓶泄漏时，应关闭瓶阀。如气瓶泄漏无法阻止时，应将气瓶移至安全场所。贴上封条，表明原因

及时送回充装单位处理。发生回火时，应先迅速关闭氧气调节手轮，再关闭乙炔调节手轮。

（3）氧气管、乙炔、氮气胶管的使用要求

胶管应符合《气体焊接设备焊接、切割和类似作业用橡胶软管》GB/T2550-2007 相关要求，氧气胶管为蓝色，乙炔胶管为红色，氮气胶管为黑色。胶管应无破损且不得混用，连接应牢固，严禁使用铁丝捆绑，不得与电源线、焊把线交叉穿越，应设专人看管。

（4）减压器使用要求

1）新减压器应有出厂合格证。

2）外套螺帽的螺纹应完好。

3）高、低压表有效，指针灵活。

4）安全阀完好、可靠。

5）减压器严禁沾有油脂，不得沾有砂粒或金属屑。

6）减压器螺母在气瓶上的拧扣数不少于 5 扣。

7）减压器冻结时严禁用火烘烤，只能用热水、蒸汽解冻或自然解冻。

8）减压器损坏、漏气或其他故障时，应立即停止使用，进行检修。

9）装卸减压器或因连接头漏气拧紧螺帽时，作业人员严禁戴沾有油污的手套和使用沾有油污的扳手。

10）安装减压器前，应稍打开瓶阀，将瓶阀上粘附的污垢吹净后立即关闭。吹灰时，作业人员应站在侧面。

11）减压器装好后，作业人员应站在瓶阀的侧后面将调节螺钉拧松，缓慢开启气瓶阀门。停止工作时，应关闭气瓶阀门，拧松减压器调节螺栓，放出软管中的余气，最后卸下减压器。

2.4.3 现场专业材料要求

（1）防胀块：DN400（含）以上同径接线管件，应焊接马鞍型防胀块。

（2）管件：接线、切线管件符合规格型号、压力级制要求。

（3）平衡压力装置：高压软管带放散阀、压力表符合连接要求。

2.4.4 现场通信设备要求

污染区内严禁使用非防爆通信设备，电力应充足，严禁在污染区内更换电池。

2.4.5 现场安全技术管理要求

（1）使用警示带或锥桶划定作业区域：作业区域范围应满足作业点与行人、交通车辆的安全距离，条件允许情况下围挡、警示带的圈拉范围应距工作坑不小于 5m。施工时间在 24h 以上的作业应使用固定式围挡。

（2）作业区域两端应设立警示牌，避免行人和无关闲杂人员、机动车（或非机动车）辆穿越进入作业区。夜间作业时应设置符合警示要求的灯光指示标志、交通导向标志灯。

（3）施工现场场地范围应满足设备（起重机、发电机、液压站、电气焊、设备运输车辆）放置和操作空间，道路畅通。

2.5 作业区域气候环境要求

2.5.1 气候要求

（1）夏季露天作业时应避开高温的时段，无法避免时作业中应采取避暑措施。

（2）小雨天气作业现场电气设备应采取遮挡、垫高等防雨、防触电措施，当降雨达到中雨（含）以上时应停止作业。

（3）雷雨天气暂停作业，雷雨天气作业人员不得在高压线路、大树或高大物体下停留，关闭通信设施。

（4）雾天能见度在 50m 以内时停止作业。

（5）冬期室外温度低于−15℃，夏季室外温度高于＋40℃应停止室外作业。

（6）冬期作业机械设备采用冬期液压油、齿轮油。

（7）风力在 5 级以下应设挡风装置后可进行焊接作业，5 级风（含）以上应停止作业。

（8）小雪要采取防滑、遮挡措施等，中雪以上时停止作业。

2.5.2 环境要求

（1）作业工作坑上方应选择无高压输电线的环境。

（2）放散环境应避开车辆、行人、明火或居民居住地。

（3）起重作业时吊件下方严禁人员停留或通过，履带吊装机械作业地面应平坦坚实，在带电线路附近作业时应与其保持一定的安全距离，见表2-1。

起重设备与输电线路最小安全距离 　　表2-1

摘自《起重机械安全规程》（GB 6067.1—2010）

输电线路电压	水平安全距离（m）	垂直安全距离（m）
1kV 以下	1.5	1.5
1～20kV	2	2
35～110kV	4	4
154kV	5	5
220kV	6	6

2.6 作业技术要求

2.6.1 土方工程技术要求

（1）工作坑开挖前必须对地下燃气管线及其他地下市政设施资料进行确认核实，必要时人工先挖探坑。

（2）施工前，建设单位应对施工区域内已有地上、地下障碍物，与有关单位协商解决。

（3）凡作业工作坑涉及园林、绿化、道路时，应申请办理相关审批手续。

（4）混凝土路面和沥青路面的开挖应使用切割机切割后采用机械或人工开挖，当距燃气管顶0.5m左右或发现警示带时必须采用人工开挖。

（5）当土壤具有天然湿度、构造均匀、无地下水、水文地质条件良好，且挖深小于 3m，可不加支撑，沟槽的最大边坡率可按表 2-2 确定。

深度在 3m 以内的沟槽最大边坡率（不加支撑）　　表 2-2

土壤名称	边坡率	
	人工开挖	机械开挖
砂土	1：1.00	1：1.00
砂质粉土	1：0.67	1：0.75
粉质黏土	1：0.50	1：0.75
黏土	1：0.33	1：0.67
含砾土卵石土	1：0.67	1：0.75
泥炭岩石垩土	1：0.33	1：0.67
干黄土	1：0.25	1：0.33

注：1. 挖土抛于沟槽边上应即时运走。

　　2. 临时堆土高度不宜超过 1.5m，靠墙堆土时，其高度不得超过墙高的 1/3。

　　3. 作业坑边 1m 范围内严禁堆放任何杂物。

（6）在无法达到第 5 条的要求时，应采用支撑加固沟壁。对不坚实的土壤应及时做连续支撑，支撑物应有足够的强度。

（7）无论何种断面形式的工作坑必须设置上下扶梯，或有条件情况下必须设置逃生坡道。

（8）作业坑一侧或两侧临时堆土位置和高度不得影响边坡的稳定性。堆土前应对消火栓、雨水口等设施进行避让或保护。

（9）管底距坑底深度不得小于 0.5m，以满足管件焊接基本距离。在适当位置开挖积水坑，用于排水。

（10）采取机械排水措施时，应认真检查，严禁使用漏电的潜水泵及电缆线。

（11）遇有土质松软时，应加大放坡量并对四壁进行铆喷或有效支撑处理。

（12）当开挖难度较大时，施工相关责任单位应咨询工程监理，编制安全技术方案，并向现场施工人员进行安全技术交底。

（13）带压管道防腐层剥离要求应参照相关标准规范内容执行。

（14）管道及管件防腐要求应参照相关标准规范内容执行。

（15）作业结束后，按相关规定进行除锈防腐，沟槽应及时回填。回填前，必须将槽底施工遗留的杂物清除干净。

（16）沟槽回填时，应先回填管底局部悬空部位，再回填管道两侧。

（17）不得采用冻土、路面废弃材料、垃圾、木材及软性物质回填。管道两侧及管顶以上 0.5m 内的回填土，不得含有碎石、砖块等杂物，且不得采用灰土回填。距管顶 0.5m 以上的回填土中的石块不得多于 10%、直径不得大于 0.1m，且均匀分布。沟槽的支撑应按相关规定拆除，并应采用细砂填实缝隙。

（18）回填土应分层夯实，每层虚铺厚度宜为 0.2～0.3m，管道两侧及管顶以上 0.5m 内的回填土必须采用人工夯实，管顶 0.5m 以上的回填土可采用小型机械压实，每层虚铺厚度宜为 0.25～0.4m。

（19）回填土夯实后，应分层检查密实度。沟槽各部位的密实度应符合图 2-1 要求。

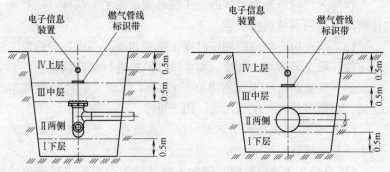

图 2-1　作业坑回填断面图

注：1. 对（Ⅰ）、（Ⅱ）区部位，密实度不应小于原土密实度的 90%；

2. 对（Ⅲ）区部位，密实度应符合相应地面对密实度的要求。

（20）沥青路面和混凝土路面的恢复，应由具备专业施工资质的单位施工。

（21）回填路面的基础和修复路面材料的性能不应低于原基础和路面材料。

（22）回填作业时按规定埋设信息球及警示带。

（23）管线管理单位应对作业坑管道防腐、回填进行全过程监控。

（24）污染区域内严禁使用非防爆电器设备。

2.6.2 手工作业要求

（1）手工带压作业必须制定作业方案，并对参加作业人员进行方案交底。

（2）作业前，应核对接（切）线任务单和管线资料，检查并了解新建管线的设备技术状态及确认管线末端放散点。

（3）作业区域内应设置临时作业现场指挥部，由作业现场指挥部统一指挥。

（4）作业降压区域内应有补气气源和放散降压、压力观测装置。

（5）使用焊条型号应与管道钢材型号相匹配。

（6）中低压、次高压 A 带压接线动火前，先将电位平衡线对接于原燃气管线和新燃气管线之间进行电位平衡，然后再对新管线进行燃气置换，经可燃气体检测仪检测燃气浓度达到 90％以上，并取样点火试验，合格后方可焊接。

（7）高压 A、高压 B 接（切）线动火前，应进行氮气置换，经可燃气体检测仪（XP-311）检测燃气浓度低于 1％以下，并连续 3 次检测，每次间隔 5min，合格后方可焊接。

（8）中低压、次高压 A 带压切线动火前，对废弃管线进行吹扫，经可燃气体检测仪检测燃气浓度低于 1％以下，并连续 3 次检测，每次间隔 5min，合格后方可动火断管。当情况不明时，可采用电钻钻孔，探明管道是否有残留物，并采取不动火机械断管法。

（9）中低压、次高压 A 带压切线作业，必须采用特制球胆，隔断气源，球胆内气压要适当，不得超过球胆额定压力，球胆由隔墙加以固定，隔墙要严密。

（10）天窗的边缘线与管道切割线的距离不少于 0.2m。

（11）管道开天窗时，焊工持割炬沿天窗边缘线向天窗盖中心点 45°进行切割，灭火人员戴蘸水手套随焊工切割随时灭火，当切割超过天窗 2/3 时，停止切割，熄灭割炬，灭火后利用铁丝捆绑天窗，之后继续切割，直到距始点 2～3mm 时停止切割、灭火、冷却。

（12）掀天窗盖时，作业人员佩戴防毒面具，现场严禁一切火种，必要时阻断交通，实施临时交通管制，利用防爆工具掀起天窗盖。

1）直碰接线：掀起天窗盖后，打胆、砌墙，检测天窗内的隔墙是否有燃气浓度，燃气浓度低于 1% 后可进行切管、下料、预制、对管、焊接新管。焊接完毕后，将压力调整为置换压力，作业人员佩戴防毒面具，现场严禁一切火种；必要时阻断交通，实施临时交通管制，拆除隔墙，撤出球胆，将天窗盖恢复原位，利用铁丝进行捆绑，黏泥堵漏，同时对新线进行置换（利用燃气直接置换新管内空气，使用取样球胆在管线末端放散点取样，点火检测），合格后将压力降至作业压力方可焊接天窗盖。

2）三通接线：在气源管上接线一侧天窗切割完毕后，先将压力调整为置换压力，作业人员佩戴防毒面具，现场严禁一切火种，必要时阻断交通，实施临时交通管制，掀起天窗盖后立即对接接线短管（该短管事先预制并焊接固定装置或异径接线时可事先预制套袖式短管），之后使用黏泥密封短管焊缝，同时对新管线置换（利用燃气直接置换新管内空气，使用取样球胆在管线末端放散点取样，点火检测），合格后将压力降至作业压力进行焊接。

3）切线：掀起天窗盖后，打胆、砌墙，再对废弃管线进行吹扫，启动鼓风机，利用鼓风机软管放入天窗内向下游废弃管道

24

吹扫，管线末端放散点进行检测，检测燃气浓度低于1‰以下为合格，合格后用割炬断管、焊接堵板或封头，焊接完毕后，将压力调整为置换压力。作业人员作业时佩戴防毒面具，现场严禁一切火种，必要时阻断交通，实施临时交通管制，拆除隔墙，撤出球胆。将天窗盖恢复原位，利用铁丝进行捆绑，对天窗盖焊缝用黏泥密封，将压力调整为作业压力，方可焊接天窗，焊接完毕后逐级升压检漏。

4）改线：甲坑实施接线程序，将压力调整为置换压力对新线进行燃气置换，燃气沿新线到乙坑，乙坑在未掀天窗盖前对新线燃气置换取样检测，合格后掀天窗盖对接短管，将压力调整为作业压力后，进入焊接程序。之后甲、乙坑进入切线程序。无论是对新线置换还是对旧线吹扫，作业人员必须佩戴防毒面具，现场严禁一切火种，必要时阻断交通，实施临时交通管制。

（13）压力级别为次高压A的接（切）线焊接天窗盖后，应加焊补强天窗盖。

（14）焊接天窗盖前，管内不允许有燃气与空气混和气体，同时管内燃气压力控制在作业压力范围内，随时观察管内压力，防止产生超压或负压。

（15）作业中的所有焊缝至少焊接两遍。

（16）焊接堵板：压力为0.4MPa以下，管径DN400以下（含DN400）的切线、改线作业中，母管端头内焊接内堵板，焊接位置在端面内不小于20mm处，堵板厚度应不小于原母管壁厚。

（17）焊接封头：压力为次高压以上或管径DN400以上的中压切线改线作业，母管端头应焊接冲压封头，封头厚度应不小于母管壁厚。

（18）焊接完毕自然冷却后，管道压力应逐级升压，每次升压后对所有焊缝进行肥皂水查漏不少于3次，如发现漏点应重新降压修补焊道。

（19）按《城镇燃气输配工程施工及验收规范》CJJ 33—

2005 对裸露金属管道进行除锈，对除锈后的管线进行防腐。

（20）测绘人员对接（切）线点进行测量绘图。

（21）作业坑回填要按"2.6.1 土方工程技术要求"严格执行。

2.6.3 机械作业要求

（1）不停输机械带压开孔封堵作业压力范围宜为 2.5MPa（含）以下，对新工艺、不常用管径机械作业前，宜做台架试验。

（2）作业人员需经专业培训，熟悉管道不停输机械带压开孔封堵技术、配套设备的工作原理、工艺流程，掌握开孔封堵作业操作技能并了解相关技术知识，具备处置、解决问题的能力。严格执行开孔封堵安全操作要求。

（3）作业前核实确认，不停输开孔封堵作业任务单，如表2-3。

作业计划统计明细表（仅供参考）　　　　表 2-3

填报单位：　　　　　　　　　　　　　　　　统计日期：

序号	工程编号	工程名称	作业等级	建设单位	工程地址	作业日期及时间	气源	降压范围	带气作业规格	作业单位	配合单位	施工单位	施工联系人及电话	建设方联系人及电话	备注

（4）作业单位接到不停输开孔封堵作业任务单后，由技术人

员和施工项目负责人，会同施工单位、配合管线管理单位共同到现场详细勘验（施工现场场地范围应满足设备放置和操作空间，道路畅通，使用警示带或锥桶划定作业区域，作业坑开挖尺寸的确定，核实作业是否有电源和起重设备，了解地下市政设施情况及吹扫置换放散点的周边环境，核实管线介质压力、管径和接线管件或切线管件规格、数量），签署相关现场勘验确认单，根据表2-4勘验情况制定作业方案。

（5）作业方案经审批后，必须依据作业方案，对参加作业所有人员进行作业方案交底，明确各自的职责，方可实施作业。

（6）不停输开孔封堵专用设备

1）不停输开孔专用设备的选材、设计、制造等必须符合国家和行业有关标准、规范要求。产品出厂必须具有制造厂的合格证和操作说明书。

2）使用单位应对主要设备建立相应的设备档案和台时，并进行统计分析。

3）不停输开孔专用设备要进行日常检查和维护保养工作，设备密封件需适时更换，法兰密封贴合面无划伤，表面光滑，密封面无杂质。保证在操作中保持良好密封状态。

4）不停输开孔专用设备上的计量仪表必须经检验合格，使用过程中保持完好。

5）液压站所用液压油及主机润滑油需按设备操作说明，分季节加注，油液保持清洁，出现变质或有水、杂质进入时需及时更换。

6）为保证设备的正常使用，依据设备的使用频率和台时，制定设备大修、中修周期计划。根据设备维修内容和验收标准对维修后的设备进行验收。

7）正确安装开孔刀、定位键，保持钻杆锥面、刀具内锥配合面完好，检测刀具同心度（应小于1mm）。按操作说明书使用专用工具规范拆装刀具，避免损伤设备。

8）根据燃气管道的特点，膨胀筒按规定使用相应的粘贴胶水和胶板，粘贴必须紧密牢固，不得有气泡。

表 2-4

带压作业现场勘验单（仅供参考）

工程名称： 工程编号： 工程地址：

勘验作业现场安全技术要求

序号	勘验内容	勘验标准	勘验结果		备注
			是	否	
1	作业点管径、压力级制	是否与计划作业所注管径相符，压力一致	是	否	管径尺寸： 压力级制：
2	作业点管线图纸核实	是否与作业平台图纸一致，如套线是否存在具备放散条件阀门，阀门后是否已经泄压	是	否	
3	作业点管线工况	是否为环线，如切线是否影响用户供气	是	否	
4	作业坑尺寸、周围环境	是否存在影响作业的其他市政设施，尺寸是否符合要求	是	否	（尺寸要求详见附表）
5	吊装条件、电源情况	是否满足吊装作业条件，是否有符合要求的 380V 电源	是	否	
6	作业点管线埋深	是否满足管线埋深要求	是	否	（埋深要求详见燃气输配工程规范）
7	作业点是否可以白天施工	是否需要夜间施工	是	否	
8	作业点防腐层	是否按规定对防腐层进行剥离	是	否	
9	作业施工手续审核	核实施工单位是否施工现场审批齐全有效、能保证正常施工	是	否	交通路政手续
10	作业方案制定	是否可以制定可行性方案	是	否	方案概况

施工方确认签字：

备注：施工现场如因上述条件不到位，造成无法作业由施工方负责工程名称：　　　　　工程编号：　　　　　工程地址：

确认作业现场安全技术要求

序号	确认内容	确认标准	确认结果		备注
			是	否	
11	确认技术勘验问题反馈	与施工单位再次确认作业现场技术规范是否达到作业条件	是	否	
12	明确作业内容	与技术沟通明确作业方案内容及要求	是	否	方案交底
13	准备作业设备、调配人员	根据作业要求正确准备作业工具设备、合理调配人员	是	否	
14	作业点具体行车路线	与施工单位沟通协调解决行车路线	是	否	
15	作业现场基本物质保障	施工单位是否能解决作业现场必要物质保证	是	否	砖、水、电、吊车等

审核作业过程安全技术要求

序号	审核内容	审核标准	审核结果		备注
			是	否	
16	明确作业内容	参加方案交底，核实方案的安全可行性	是	否	方案交底
17	作业现场的危险源辨识	对作业过程中做危险源辨识	是	否	
18	对作业人员安全教育	对作业人员提供必要的安全教育	是	否	
19	对作业过程进行安全监控	作业人员是否严格执行作业指导书作业	是	否	
20	对作业现场安全措施监控	作业现场安全措施是否全面到位	是	否	
21	动火证及有限空间管理	是否开具有效动火证及有限空间作业票	是	否	

9）开孔封堵设备必须由专人进行日常管理和维护。根据作业类别、性质、压力等级匹配相应设备，配套应完整，必须在进入施工现场前完成全套设备的运行调试工作。

10）开孔封堵设备、配件和工具在运输、装卸过程中应缓慢平稳，并设置专人指挥，安全、标准、规范。开孔封堵设备与夹板阀正确连接后应进行空转试运行不少于 5min，液压站连接电源后，进行空转试运行不少于 5min。

11）开孔封堵设备、配件和工具装车后应可靠固定，并使用拉紧带与车体可靠固定，运输过程中应保持平稳，运输车辆应避免紧急制动。

（7）预制安装

1）采用的钢管、接线管件或切线管件及焊条等材料必须有产品合格证。

2）预制作业过程中必须严格动火管理，预制作业前应持有效动火证和作业方案，作业过程中现场必须设置安全监护人员进行实时监护。

3）特种作业人员必须持有效证件（或复印件），持证上岗操作。

4）有限空间作业时必须严格按照相关管理规定执行，必须持有效有限空间作业票及现场安全措施确认单，并与方案一起带到作业现场，作业过程中应利用四合一检测仪对作业环境进行检测、监护和有效的防护，当出现异常时，应立即暂停作业。

5）预制后应依据操作规程的规定对焊接质量进行强度试验或由专业单位进行无损探伤抽样检测。

（8）下堵操作时应注意下堵器主轴上下和拉杆锁紧与松开时大手柄和标志杆的旋转方向。

（9）在提堵的作业施工中，下堵器的标志杆始终放入下堵器内不得取出，由专人负责操作、监护，并要求标志杆不得转动。

（10）膨胀筒外部包覆的密封胶皮，禁止重复使用。

（11）作业运转期间，液压站、开孔机需由专人看管，不得脱岗。在开孔过程中，如需调整液压站工作压力、排量，需将液压站控制阀置于空位挡，关闭电源，调整压力、排量，满足设备运行的要求，重新启动液压站。

（12）开孔过程中如遇卡阻时，应立即停车，查明原因，将进给手柄转到手动挡位，稍提松钻杆，手动盘车，排除卡阻，严禁开反车。开孔机启动后，再次空位挡测钻杆旋转方向、转速，并根据钻杆转速调整液压站排量。

（13）液压站操作手柄严禁猛拉猛推，如遇转向不符时应置于空位挡，待停机后重新启动。

（14）液压管回油：作业完成后，液压管拆除之前，应先将液压站电源关闭，操作手柄在空位挡、前进挡、后进挡之间倒换3~5次，将液压管中多余的压力卸掉，之后再将液压管从设备中拆除，盖上防尘罩。

（15）吊装设备时应严格按照相关安全操作规程执行，吊装设备前应对钢丝绳、卸甲进行检查，钢丝绳不能有断股、系扣、死弯，否则应立即更换，钢丝绳应均衡、卸甲应安全可靠，吊装要平稳，并设专人指挥、监护。吊装吊具与索具应参照《起重机械吊具与索具安全规程》LD48-93相关要求执行，设备吊件底下严禁站人。吊装设备严禁从人体、驾驶室上方行走，防止起吊设备失控，重物下滑造成人身伤害事故，设备吊装时，应避免吊物长时间在空中停留，吊装完毕后吊臂应回位。

（16）以下情况下，暂停作业：

1）与计划作业单内容有任何一项不符的；

2）管道壁厚小于原管道壁厚3/5的；

3）开孔封堵设备运行过程中出现异常情况的；

4）环境因素突然发生变化，出现恶劣天气的；

5）其他有可能涉及人员安全、设备等不稳定因素；

6）作业场地不符合起重作业安全技术规定的。

2.6.4　电气焊焊接工艺要求

（1）依据国家标准《工业金属管道工程施工及验收规范》

GB 50235 和《现场设备、工业管道焊接工程施工规范》GB 50236 和《城镇燃气输配工程施工及验收规范》CJJ 33—2005 的有关规定执行。

（2）焊接前应根据相关规定的要求进行施焊。内容包括：焊接方法、焊接电流、焊条直径、外观质量、检测等要求。

（3）气割作业要求

1）氧气瓶与焊炬、割炬及其他明火的距离应不小于 10m，与乙炔瓶的距离不得小于 5m，乙炔瓶应放置在平整地面上，且禁止躺放使用，氧气瓶、乙炔瓶避免暴晒。

2）氧气、乙炔胶管的长度不得小于 5m，以 10～15m 为宜，氧气、乙炔胶管接头必须用喉箍锁紧。

3）氧气表和乙炔表整体及连接部位严禁有油污，并定期进行校验。

4）使用中，氧气、乙炔胶管不得沾有油脂，不得混用，不得触及灼热金属或尖刃物体，不得使用老化、龟裂、接头破损的胶管。

5）使用焊炬和割炬前必须检查射吸情况，射吸不正常的，必须修理正常后方可使用。

6）焊嘴或割嘴不得过分受热，温度过高时，应及时冷却。

7）点燃焊（割）炬时，应先开乙炔阀点火，然后开氧气阀调整火焰。关闭时应先关闭乙炔阀，再关闭氧气阀。

8）气割人员作业时应佩戴防护眼镜及佩戴气焊工手套。

（4）电焊准备及要求

1）检查电焊机的配电系统、漏电保护装置等必须灵敏、有效，电源线绝缘应良好，接线柱不能有腐蚀、损伤、有水及松动。

2）焊接时焊接地线线头严禁浮搭，必须固定、压紧。

3）电焊机电源线必须绝缘良好，不得破损、龟裂，接头要规范，长度不得大于 5m；

4）电焊机焊把线及地线必须使用多股细铜线电缆，其截面应根据电焊机使用要求选用。电缆外皮必须完好、柔软，其绝缘电阻不小于 1MΩ。焊接电缆线长度不得大于 30m。

5）电焊机启动后，必须空载运行 5～10min，调节焊接电流及极性开关应在空载下进行，直流焊接空载电压不得超过 90V。

6）焊接前应检测周围环境中的燃气浓度，燃气浓度低于 1% 方可进行焊接，如高于 1% 可采用强制通风，同时加强监测。

（5）焊接环境出现下列任一情况时，应采取有效防护措施，否则不得施焊：

1）风速大于 8m/s［风力 5 级（含）以上］；

2）相对湿度大于 90%；

3）雨、雪天气；

4）温度低于 -15℃或高于 +40℃。

（6）焊条的选择，使用焊条型号应与管道钢材型号相匹配。

焊条直径主要根据工件厚度来选择。工件厚度小于 4mm 时，焊条直径小于工件厚度；工件厚度大于 4mm 时，焊条直径可在 3～6mm 范围内选择。除了考虑工件厚度之外，还应考虑坡口形式、焊接层次及焊缝的空间位置等。例如，多层焊的第一层，应选用直径细些的焊条，以保证根部焊透，以后各层可选用较粗的焊条；平焊时应尽量选用粗些的焊条，以保证高的生产率；在立焊、横焊或仰焊时，应选用细些的焊条，以保证焊缝的良好成型。

（7）燃气管道工程常用 V 形坡口。管道的切割及坡口加工宜采用机械方法，当采用气割等热加工方法时，必须除去坡口表面的氧化残留物，并进行打磨。

（8）钢制管道允许带压施焊的压力不宜超过 1.0 MPa。预制前应对带压钢制管道进行壁厚检测，当壁厚小于原管径的 3/5 时不应进行预制焊接管件。

（9）为避免压力管道焊穿，一般熔池深度控制在管道壁厚的 2/5 以内，同时应使用低氢焊条。手工带压焊接时，头遍焊接应采用酸性焊条，填充照面焊接时应采用低氢焊条，焊接前应先清理焊道，清除油、水和污物。

（10）不应在管道焊缝上开孔。管道开孔边缘与管道焊缝的间距不应小于 0.2m。

（11）氩弧焊时，焊口对接间隙宜为 2～4mm。其他坡口尺寸应符合现行国家标准《现场设备、工业管道焊接工程施工规范》GB 50236 的规定。

（12）焊接时应采取合理的施焊方法和施焊顺序。除工艺或检验要求需分次焊接外，每条焊缝宜一次连续焊完，当因故中断焊接时，应根据工艺要求采取保温缓冷或加热等防止产生裂纹的措施，再次焊接前应检查焊层表面，确认无裂纹后方可按原工艺要求继续施焊。施焊顺序可参见《钢制管道带压封堵技术规范》GB/T 28055—2011。

（13）焊前预热的加热范围，应以焊缝中心为基准，每侧不应小于焊件厚度的 3 倍，焊后热处理的加热范围每侧不应小于焊缝宽度的 3 倍，加热带以外部分应进行保温。

（14）焊接前，应检查工作坑内燃气浓度，当燃气小于 1%，方可进行焊接作业，焊接时不得在焊件表面引弧或试验电流。焊接时应注意起弧和收弧的质量，收弧应将弧坑填满。多层焊的层间接头应错开。

（15）对容易产生焊接延迟裂纹的钢材，焊后应及时进行焊后热处理。当不能及时进行焊后热处理时，应在焊后立即均匀加热至 200～300℃，并进行保温缓冷，其加热范围应符合焊后热处理要求。

（16）当焊件壁厚大于 3mm 时，焊前应对坡口两侧 150mm 范围内进行均匀预热，预热温度应为 350～550℃；当板厚为 5～15mm 时，预热温度应为 400～550℃；当板厚大于 15mm 时，预热温度应为 500～550℃。

（17）当焊件温度低于 15℃时，应对焊缝两侧各 300mm 范围内加热至 15～20℃，且应热透。

（18）焊接前检查，包括：施焊环境、焊接工装设备、焊接材料的干燥与清理，确认其符合焊接规定的要求。

（19）焊接过程中检查，施焊时应检查电弧、电压、电流。

（20）多层焊每层焊完后，应立即对层间进行清理，并进行外观检查，发现缺陷，应消除后方可进行下一层的焊接。

（21）焊接后，不得采用洒水的方式对焊缝急冷，以免产生淬硬组织。

2.6.5　焊接检测要求

（1）管件和管道焊接完成后，进行外观检查和无损探伤检测。

（2）外观检测由质检人员采用目测及使用焊接检验尺等方式对焊缝外观进行检查。包括：焊道有无夹渣、裂纹、气孔、咬边、积瘤、缺肉及焊道的高度、宽度。

（3）无损探伤检测应由专业质检人员进行检测，包括：渗透探伤、磁粉探伤、超声波探伤及射线探伤等方法。

（4）检测的焊缝应全部合格，当检测出现不合格焊缝时，对不合格焊缝进行返修，直至合格。同一焊缝的返修的次数不应超过2次。

（5）待管道压力恢复正常后应对所有焊缝进行皂液涂刷查漏，如发现漏点应将管道压力降至作业压力后重新补焊，直至合格。

2.6.6　其他要求

本书规定燃气管道带压接、切、改线作业的土方工程、手工作业、机械作业、电焊焊接工艺、焊接检验的操作安全技术要求，涵盖了施工准备到施工工程序的控制。本书适用于城市燃气供应系统中2.5MPa（含）以下带压管道接、切、改线作业。

第3章 手工降压接（切）线作业操作要求

3.1 手工降压直碰接线

（1）手工降压直碰接线作业必须制定作业方案，根据规定逐级审批，并对参加作业人员进行方案交底。明确参加作业人员的分工，明确现场安全员。

（2）根据作业等级和作业环境，开具的有效动火证及有限空间作业票，并具备相应的设备、工具、仪表及安全防护用品方可作业。

（3）作业前应对作业进行现场勘验，核对接线任务单和管线资料，检查并了解新建管线的设备技术状态及确认管线末端放散点。

（4）检查工作现场安全操作条件和消防器材以及作业坑是否规范。

（5）备好通信器材。

（6）检查所有工具、器材、仪器仪表、设备和安全防护用品的准备情况

（7）现场设作业区并圈拉警戒线，放置警示牌，夜间作业应设警示灯和交通导向牌，并设专人进行交通疏导。作业区内带压作业时应使用防爆设备、工具及通信器材。

（8）作业应设置临时作业现场指挥部，由作业现场指挥部统一指挥，作业前应向生产调度员申请作业。

（9）作业降压区域内应有补气气源和放散降压、压力观测装置。

（10）管道压力控制在作业压力范围内。

（11）带压接线动火前，应在原燃气管线和新燃气管线之间安装电位平衡装置。

（12）管道开天窗时，天窗位置宜选择距管道焊缝200mm以上，焊工持割炬在原燃气管线上沿天窗边缘线向天窗盖中心点45°进行切割，辅助灭火人员佩戴护目镜，戴蘸水手套用防火黏泥随焊工切割随时灭火，当切割超过天窗2/3时停止切割、熄灭割炬，灭火后利用铁丝捆绑天窗，之后继续切割，直到距始点2～3mm时停止切割、灭火、冷却、检查天窗盖是否漏气并清理作业坑内一切火种。

（13）将压力调整到置换压力，作业人员应站在作业坑上佩戴好防毒面具，检查面罩送风情况是否正常。现场严禁一切火种，必要时阻断交通，实施临时交通管制。做好掀天窗盖准备。

（14）利用防爆工具掀起天窗盖，打胆、砌墙，压力降至作业压力时，检测天窗内的隔墙是否有燃气浓度，如合格，可进行切管、下料、预制、对管、焊接新管。使用焊条型号应与管道钢材型号相匹配。三通接线，掀天窗后，进行新旧管线连接，置换、取样合格后，恢复至作业压力，焊接天窗盖。

（15）焊接完毕后，焊道自然冷却，逐步升压用肥皂水检测，如发现漏点，应重新降压补焊，再次逐步升压用肥皂水检测，直至合格。

（16）作业现场指挥部向生产调度员报告作业结束。

（17）测绘单位进行接线点测量。

（18）管理单位对作业点除锈防腐、警示带、信息球和作业坑回填进行检测验收。

3.2　手工降压三通接线

（1）手工降压三通接线作业必须制定作业方案，根据规定逐级审批，并对参加作业人员进行方案交底，明确参加作业人员的分工，明确现场安全员。

（2）根据作业等级和作业环境，开具有效动火证及有限空间作业票，并具备相应的设备、工具、仪表及安全防护用品方可作业。

（3）作业前应对作业进行现场勘验，核对接线任务单和管线资料，检查并了解新建管线的设备技术状态及确认管线末端放散点。

（4）检查工作现场安全操作条件和消防器材以及作业坑是否规范。

（5）备好通信器材。

（6）检查所有工具、器材、仪器仪表、设备和防护用品的准备情况。

（7）现场设作业区并圈拉警戒线，放置警示牌，夜间作业应设警示灯和交通导向牌，并设专人进行交通疏导。作业区内带压作业时应使用防爆设备、工具及通信器材。

（8）作业应设置临时作业现场指挥部，由作业现场指挥部统一指挥。作业前应向生产调度员申请作业。

（9）作业降压区域内应有补气气源和放散降压、压力观测装置。

（10）管道压力控制在作业压力范围内。

（11）带压接线动火前，应在原燃气管线和新燃气管线之间安装电位平衡装置。

（12）管道开天窗时，天窗位置宜选择距管道焊缝200mm以上，焊工持割炬在原燃气管线上沿天窗边缘线向天窗盖中心点45°进行切割，辅助灭火人员佩戴护目镜，戴蘸水手套用防火黏泥随焊工切割随时灭火，当切割超过天窗2/3时停止切割、熄灭割炬，灭火后利用铁丝捆绑天窗，之后继续切割，直到距始点2~3mm时停止切割、灭火、冷却、检查天窗盖是否漏气并清理作业坑内一切火种。

（13）将压力调整到置换压力，作业人员应站在作业坑上佩戴好防毒面具，检查面罩送风情况是否正常。现场严禁一切火种；必要时阻断交通，实施临时交通管制。做好掀天窗盖准备。

（14）利用防爆工具掀起天窗盖，打胆、砌墙，压力降至作业压力时，检测天窗内的隔墙是否有燃气浓度，如合格可进行切管、下料、预制、对管，焊接新管。使用焊条型号应与管道钢材型号相匹配。

（15）焊接完毕后，将作业压力调整为置换压力，作业人员佩戴防毒面具，现场严禁一切火种，必要时阻断交通，实施临时交通管制，拆除隔墙，撤出球胆，将天窗盖恢复原位，利用铁丝进行捆绑，黏泥密封，同时对新线进行置换，利用燃气直接置换新管内空气，经检测合格后将压力降至作业压力，焊接天窗。

（16）焊接完毕后，焊道自然冷却，逐步升压用肥皂水检测，如发现漏点应重新降压补焊，再次逐步升压用肥皂水检测，直至合格。

（17）作业现场指挥部向生产调度员报告作业结束。

（18）测绘单位进行接线点测量。

（19）管理单位对作业点除锈防腐、警示带、信息球和作业坑回填进行检测验收。

3.3　手工降压切线

（1）手工降压切线作业必须制定作业方案，根据规定逐级审批，并对参加作业人员进行方案交底，明确参加作业人员的分工，明确现场安全员。

（2）根据作业等级和作业环境，开具有效动火证及有限空间作业票，并具备相应的设备、工具、仪表及安全防护用品方可作业。

（3）作业前应对作业进行现场勘验，核对接线任务单和管线资料，检查并了解新建管线的设备技术状态及确认管线末端放散点。

（4）检查工作现场安全操作条件和消防器材以及作业坑是否规范。

（5）备好通信器材。

（6）检查所有工具、器材、仪器仪表、设备和防护用品的准备情况。

（7）现场设作业区并圈拉警戒线，放置警示牌，夜间作业应设警示灯和交通导向牌，并设专人进行交通疏导。作业区内带压作业时应使用防爆设备、工具及通信器材。

（8）作业应设置临时作业现场指挥部，由作业现场指挥部统一指挥，作业前应向生产调度员申请作业。

（9）作业降压区域内应有补气气源和放散降压、压力观测装置。

（10）管道压力控制在作业压力范围内。

（11）管道开天窗时，天窗位置宜选择距管道焊缝 200mm 以上，焊工持割炬在原燃气管线上沿天窗边缘线向天窗盖中心点 45°角进行切割，辅助灭火人员佩戴护目镜，戴蘸水手套用防火黏泥随焊工切割随时灭火，当切割超过天窗 2/3 时停止切割，熄灭割炬，灭火后利用铁丝捆绑天窗，之后继续切割，直到距始点 2~3mm 时停止切割、灭火、冷却、检查天窗盖是否漏气并清理作业坑内一切火种。

（12）将压力调整到置换压力，作业人员应站在作业坑上佩戴好防毒面具，检查面罩送风情况是否正常。现场严禁一切火种；必要时阻断交通，实施临时交通管制。做好掀天窗盖准备。

（13）利用防爆工具掀起天窗盖，打胆、砌墙，压力降至作业压力时，检测天窗内的隔墙是否有燃气浓度，如合格可进行切管、下料、预制、对管，焊接新管。使用焊条型号应与管道钢材型号相匹配。

（14）废弃管线吹扫分为两种情况：

1）中低压、次高压 A 带压切线动火前，对废弃管线进行空气吹扫，经可燃气体检测仪检测燃气浓度低于 1% 以下，并连续

3 次检测，每次间隔 5min，合格后方可动火断管（管道切割线与天窗边缘线的距离不少于 0.2m），焊接堵板或封头。使用焊条型号应与管道钢材型号相匹配。如果检测不符合要求时，应采取机械断管，断管后在来气方向管 30mm 处砌筑耐火泥砖墙，并且在来气方向关闭的闸门下游放散阀门处安装放散管，进行泄压，以保证隔墙的稳固性。再用鼓风机对下游管线进行吹扫检测程序。

2）高压 A、高压 B 切线动火前，必须对燃气管线进行氮气吹扫，经可燃气体检测仪检测燃气浓度低于 1‰以下，并连续 3 次检测，每次间隔 5min，合格后方可断管（管道切割线与天窗边缘线的距离不少于 0.2m），焊接封头。使用焊条型号应与管道钢材型号相匹配。如果检测不符合要求时应采取机械断管，断管后在来气方向管内 0.5m 处砌筑锂基脂（工业黄油）墙，并且在来气方向关闭的闸门下游放散阀门处安装放散管，进行泄压，以保证锂基脂（工业黄油）墙的稳固性。再用氮气对下游管线进行吹扫检测程序。

（15）焊接完毕后，将作业压力调整为置换压力，作业人员佩戴防毒面具，现场严禁一切火种；必要时阻断交通，实施临时交通管制，拆除隔墙，撤出球胆，将天窗盖恢复原位，利用铁丝进行捆绑，黏泥堵漏，将压力降至作业压力进行焊接，焊接天窗盖。高压 A、高压 B 的封头焊道进行无损探伤检测，直至合格。关闭放散阀门，利用跨接装置串平阀门两侧压力。

（16）焊接完毕后，焊道自然冷却，逐级升压用肥皂水检测，如发现漏点应重新降压补焊，再次逐级升压用肥皂水检测，直至合格。

（17）作业现场指挥部向生产调度员报告作业结束。

（18）测绘单位进行接线点测量。

（19）管理单位对作业点除锈防腐、警示带、信息球和作业坑回填进行检测验收。

3.4 手工降压改线

（1）手工降压改线作业必须制定作业方案，根据规定逐级审批，并对参加作业人员进行方案交底明确参加作业人员的分工，明确现场安全员。

（2）根据作业等级和作业环境，开具有效动火证及有限空间作业票，并具备相应的设备、工具、仪表及安全防护用品方可作业。

（3）作业前应进行现场勘验，核对接线任务单和管线资料，检查并了解新建管线的设备技术状态及确认管线末端放散点。

（4）检查工作现场安全操作条件和消防器材以及作业坑是否规范。

（5）备好通信器材。

（6）检查所有工具、器材、仪器仪表、设备和防护用品的准备情况。

（7）现场设作业区并圈拉警戒线，放置警示牌，夜间作业应设警示灯和交通导向牌，并设专人进行交通疏导。作业区内带压作业时应使用防爆设备、工具及通信器材。

（8）作业应设置临时作业现场指挥部，由作业现场指挥部统一指挥，作业前应向生产调度员申请作业。

（9）作业降压区域内应有补气气源和放散降压、压力观测装置。

（10）管道压力控制在作业压力范围内。

（11）在甲、乙坑接线处应在原燃气管线和新燃气管线之间安装电位平衡装置。

（12）在甲、乙坑接线处的管道上开天窗时，天窗位置宜选择距管道焊缝 200mm 以上，焊工持割炬在原燃气管线上沿天窗边缘线向天窗盖中心点 45°角进行切割，辅助灭火人员佩戴护目镜，戴蘸水手套用防火黏泥随焊工切割随时灭火，当切割超过天窗 2/3 时停止切割，熄灭割炬，灭火后利用铁丝捆绑天窗，之后继续切割，直到距始点 2～3mm 时停止切割、灭火、冷却、检查天窗盖是否漏气并清理作业坑内一切火种。

（13）将压力调整到置换压力，作业人员应站在作业坑上佩戴好防毒面具，检查面罩送风情况是否正常。现场严禁一切火种；必要时阻断交通，实施临时交通管制。做好掀天窗盖准备。

（14）利用防爆工具掀起甲坑接线处的管道上天窗盖，对接接线短管（该短管事先预制并焊接固定装置或异径接线时可事先预制套袖式短管），之后进行黏泥密封焊缝，在乙坑新线末端放散置换，利用燃气直接置换新管内空气，使用取样球胆在管线末端放散点取样，点火检测三次，合格后乙坑掀起天窗盖，对接接线短管，之后进行黏泥密封焊缝，将压力降至作业压力进行焊接。使用焊条型号应与管道钢材型号相匹配。

（15）甲、乙坑接线处焊接完毕后，压力降至作业压力。

（16）甲、乙坑切线处管道开天窗，天窗位置宜选择距管道焊缝 200mm 以上，焊工持割炬在原燃气管线上沿天窗边缘线向天窗盖中心点 45°角进行切割，辅助灭火人员佩戴护目镜、戴蘸水手套用防火黏泥焊工切割随时灭火，当切割超过天窗 2/3 时停止切割，熄灭割炬，灭火后利用铁丝捆绑天窗，之后继续切割，直到距始点 2～3mm 时停止切割、灭火、冷却、检查天窗盖是否漏气并清理作业坑内一切火种。

（17）将压力调整到置换压力，作业人员应站在作业坑上佩戴好防毒面具，检查面罩送风情况是否正常。现场严禁一切火种；必要时阻断交通，实施临时交通管制。做好掀天窗盖准备。

（18）利用防爆工具掀起天窗盖，打胆、砌墙，压力降至作业压力，利用启动鼓风机的软管放入甲坑切线天窗，向下游废弃管道方向进行吹扫，在乙坑切线天窗处放散检测，连续三次，每次间隔 5min 检测燃气浓度低于 1% 以下为合格，合格后用割炬断管、焊接堵板或封头。使用焊条型号应与管道钢材型号相匹配。

（19）废弃管线吹扫分为两种情况

1）中低压、次高压 A 带压切线动火前，对废弃管线进行空气吹扫，经可燃气体检测仪检测燃气浓度低于 1％ 以下，并连续 3 次检测，每次间隔 5min，合格后方可动火断管（管道切割线与天窗边缘线的距离不少于 0.2m），焊接堵板或封头。使用焊条型号应与管道钢材型号相匹配。

2）高压 A、高压 B 接线动火前，必须对燃气管线进行氮气吹扫，经可燃气体检测仪检测燃气浓度低于 1％ 以下，并连续 3 次检测，每次间隔 5min，合格后方可断管（管道切割线与天窗边缘线的距离不少于 0.2m），焊接封头。使用焊条型号应与管道钢材型号相匹配。如果检测不符合要求时应采取机械断管，断管后在来气方向管内 0.5m 处砌筑锂基脂（工业黄油）墙，并且在来气方向关闭的闸门下游放散阀门处安装放散管，进行泄压以保证锂基脂（工业黄油）墙的稳固性。再用氮气对下游管线进行吹扫检测程序。

（20）焊接完毕后，将作业压力调整为置换压力，作业人员佩戴防毒面具，现场严禁一切火种，必要时阻断交通，实施临时交通管制。

（21）甲、乙坑拆除隔墙，撤出球胆，将天窗盖恢复原位，利用铁丝进行捆绑，天窗盖缝用黏泥密封，将压力降至作业压力进行焊接，焊接天窗。

（22）焊接完毕后，焊道自然冷却，逐步升压用肥皂水检测，如发现漏点应重新降压补焊，再次逐步升压用肥皂水检测，直至合格。

（23）作业现场指挥部向生产调度员报告作业结束。

（24）测绘单位进行接线点测量。

（25）管理单位对作业点除锈防腐、警示带、信息球和作业坑回填进行检测验收。

第4章 燃气管道不停输接线作业操作要求

4.1 设备目录

主辅机对应配套表见表4-1。

4.2 设备的检查

1. 开孔机：进给箱、主传动箱、变速箱的齿轮油的油位，液压泵、供油管和回油管、快速接头。

2. 接线连箱：连接密封圈，接线连箱上所有的连接端面是否清洁完好，接线连箱上的放散阀是否完好。

3. 接线刀：刀齿是否有磨损、裂纹及缺齿。

4. 中心钻：钻尖是否有磨损，检查中心钻和接线刀是否配套，检查U形卡是否灵活，不能有油污、磨损及断裂。

5. 夹板阀：夹板阀与作业规格、压力是否匹配，密封圈是否有破损或龟裂，阀腔内是否有异物，密封面是否有划伤、变形，启闭是否灵活、到位，旁路针形阀是否通畅，螺丝丝扣是否完好，螺杆是否变形、松动。手动夹板阀检查启闭圈数（启闭圈数以现场记录为依据），液压夹板阀检查启闭尺寸，并记录结果。

6. 液压站：油位是否符合规定，液压站电路部分是否完好。液压站试车，接通高压油管，检查压力表的压力是否稳定，液压系统是否漏油。

7. 接线管件：是否与作业任务单的规格、压力匹配，检查堵塞法兰锁块是否齐全完好，堵塞上橡胶○形密封圈是否完好。管

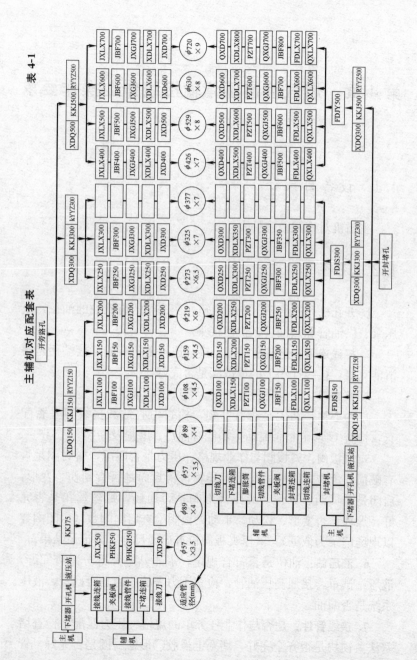

主辅机对应配套表

表 4-1

46

件的上下半瓦是否成套，出厂时已有标记，不能混用。

8. 其他检查：以上 7 项检查内容出库时应填写出、入库检查记录表，维修班根据作业任务规格准备相应的设备、材料，作业班组根据作业任务规格检查确认，双方在记录表上签字，如表 4-2。

开孔封堵作业设备出入库情况登记表（仅供参考）　表 4-2

接线管件		切线管件		压力平衡管件		
工程名称			使用班组			
工程地点			领取时间			
序号	设备名称、规格及编号	领取数量	领取确认	返回确认	备注	
1	开孔机 KKJ					
2	封堵器 FDQ					
3	下堵器 XDQ					
4	夹板阀 JBF					
5	启动箱 QDX					
6	液压站 YYZ					
7	开孔机摇把					
8	下堵接柄					
9	下堵手柄					
10	下堵标志杆					
11	液压传动胶管					
12	压力平衡法兰					
13	压力平衡胶管					
14	放散法兰短节					
15	金属（石墨）垫					
16	石棉垫					
17	螺栓					
18	堵塞密封圈					
19	夹板阀密封圈					
发放检验人签字			发放使用人签字			
返回时间		有无《开孔机械使用记录表》				
返回检验人签字			返回使用人签字			

4.3 作业前准备工作

（1）根据作业任务单的接线规格选择相匹配的开孔设备。

（2）用摇把摇出开孔机的钻杆，清洁钻杆的锥体和内孔及螺纹部分，正确安装定位键。

（3）将接线刀安装在开孔机钻杆上，使用专用套筒扳手将中心钻旋入钻杆，使之紧固，保证接线刀与中心钻同心，将接线刀收回到接线连箱内。

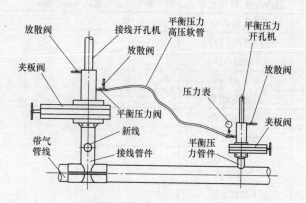

图 4-1 平衡压力示意图（0.4MPa 以上接线）

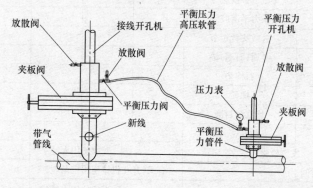

图 4-2 平衡压力示意图（0.4MPa 以下，DN400 以上接线）

（4）选用与下堵器配套的下堵连箱和锥接柄。检查堵塞上的○形圈密封面，将接线管件的堵塞与锥接柄连接好，将下堵器的主轴与锥接柄相对，顺时针旋动下堵器大手柄，用标志杆手柄顺时针旋转下堵器拉杆，使丝扣与锥接柄相连锁紧，而后逆时针旋转大手柄将堵塞收回连箱内，见图4-1、图4-2。

4.4 接线作业现场预制前的准备工作

（1）选择匹配的接线管件、平衡压力孔管件。

（2）燃气管线中低压的接线管件为马鞍型的接线管件（图4-3），燃气管线次高压 A 及以上的接线管件为抱管型接线管件（图4-4）。

（3）现场应与管线管理单位确认：管位、管径、运行压力；燃气置换空气检测点位置，一般应设在接线点后最近阀门前放散阀门处，并确认主阀门处于关闭状态（下游管道及附属设备应由管线管理单位后续完成）。

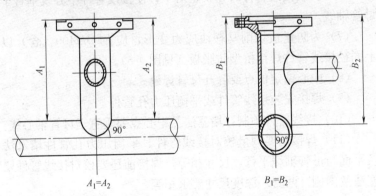

图 4-3　接线管件为马鞍型

0.4MPa 以下 DN400（含）

（4）检查接线管件的法兰面是否完好，清洁接线管件和平衡压力孔管件的法兰面。

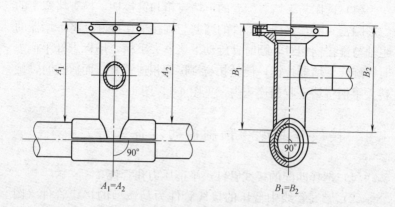

图 4-4 接线管件为抱管型
DN400（含）以上接线

（5）对接线确认点的管段的外表面应进行防腐层铲除处理，在焊缝的位置上用电动钢刷打磨，除去表面油污、底漆，表面应光滑，进行管壁测厚，焊接位置的壁厚不低于原壁厚的 3/5。

（6）安装接线管件时，找正对中，使接线管件中心线垂直于母管轴线。

（7）为防止被切削马鞍块应力变形，应在 DN400（含）以上同径接线管件焊接桥型防胀板（见图 4-5）。

（8）中心钻定位点要躲开母管焊缝。

（9）焊接安装接线管件或平衡压力孔管件

（10）接线管件预制，堵塞法兰中心点要垂直于母管轴心线。

（11）焊接前要测量校对接线管件、平衡压力孔管件堵塞法兰平面与母管轴线平行，尺寸相等，焊接前还要校对接线管件堵塞法兰内侧（两腮）深度尺寸要求相等。

（12）当 $A_1 = A_2$、$B_1 = B_2$ 时进行点焊和焊接，正负差 1mm（见图 4-6、图 4-7）。

（13）焊接前，应将母管外表污物进行清理，法兰堵塞的上下半瓦应与母管外表贴合，缝隙要均匀，并使法兰平面与母管轴线保持平行。管件的上下半瓦应是成套的，出厂时已有标记，不

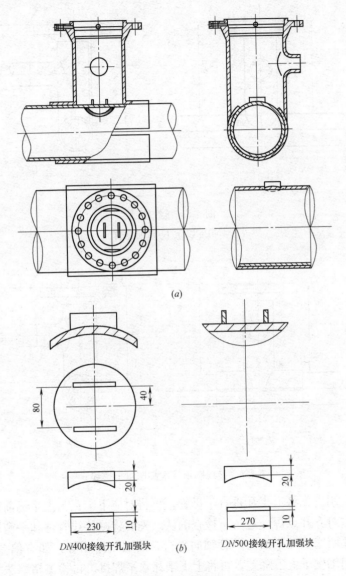

DN400接线开孔加强块   (b)   DN500接线开孔加强块

图 4-5 防胀板

(a) 焊接桥型防胀板；(b) 桥型防胀板（放大图）

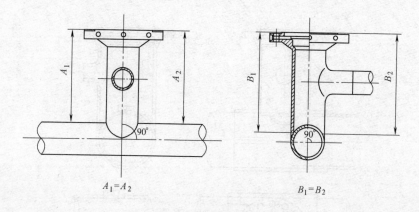

$A_1 = A_2$ $B_1 = B_2$

图 4-6　接线图示

0.4MPa 以下 $DN400$（含）

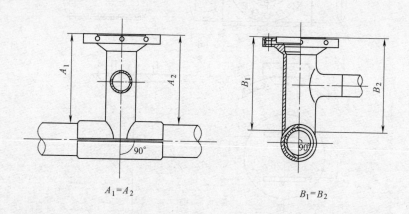

$A_1 = A_2$ $B_1 = B_2$

图 4-7　接线图示（次高压以上接线）

能混用。先将上半瓦垂直于母管，再将对应下半瓦与上半瓦前后
左右对齐并点焊，进一步检查确认。先要检测接线管件和平衡压
力孔堵塞法兰平面与母管轴向平行，两端距离相等，如有偏差，
可用钢楔子上下降差，再将上下半瓦水平焊接。再检测堵塞法兰
左右内侧至母管两侧距离，要相等，确定法兰中心垂直于母管中
心线，如有偏差，可用钢楔子左右降差，然后再将上下半瓦环向

焊口点焊，再确认无误后先焊一侧，再焊另一侧环形焊口。按国家有关规范分别将管段两端的管件焊好。

（14）焊接时应先焊水平焊缝，再焊一侧环形焊缝，最后焊接另一侧环形焊缝。

（15）接线管件与平衡压力孔管件间距 0.5～1m，原则上避开焊缝。

（16）接线管件与新管线进行连接的短管，焊接后新管线的压力级制为中低压的，待通气后利用管线介质压力进行严密度检测，压力级制为次高压 A 及以上的在通气前进行无损探伤检测。

4.5 安装夹板阀

（1）选择与开孔管件相匹配的夹板阀，将夹板阀的法兰面或密封〇形圈及凹槽清理干净。

（2）将石棉垫或密封〇形圈擦干净，抹上锂基脂（工业黄油）置于夹板阀的法兰上或法兰的凹槽内。

（3）利用起重设备分别将夹板阀平缓吊装于接线管件上，安装时考虑阀门开启方向便于操作，同时人工将压力平衡孔阀门安装在压力平衡孔管件上，并以十字紧固的方法紧固螺母。

（4）开合阀板检查阀板是否灵活，记录阀板开启的圈数或开启的尺寸，关闭的圈数或关闭的尺寸。检查旁路针形阀是否关闭。

（5）当夹板阀处于打开的状态时，应检查阀腔内是否有铁屑、泥沙及其他异物，并清理干净，施工过程中注意不要让泥沙或杂物掉入阀内。

（6）将阀门全部打开，测量夹板阀的上法兰面至母管管顶的尺寸和夹板阀的上法兰面至下堵塞的尺寸记录下来，如图 4-8。

（7）用棉丝或布将接线管件内与堵塞结合部分上的锂基脂（工业黄油）及其他异物擦干净，防止开孔过程管道中的异物或铁屑粘在上面影响堵塞的密封性。

（8）将接线管件的锁块伸出，清洁锁块上的油脂杂物，清洁

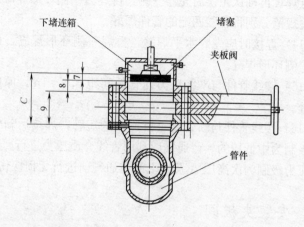

图 4-8　下堵塞行程完成尺寸（$C = 7 + 8 + 9$）

7—堵塞厚度尺寸（mm）；8—堵塞底至连箱口尺寸（mm）；

9—夹板阀上口至锁块尺寸（mm）

锁块的凹槽，收回锁块，记录伸出和收回锁块圈数。

4.6　安装开孔机

（1）利用起重设备分别将开孔机平缓吊装于夹板阀上，夹板阀处于全部开启状态，并采用十字紧固方法紧固螺栓。

（2）按开孔机切削行程计算尺寸，将进给箱手柄放置手动挡或空位挡，用摇把顺时针旋转，将中心钻尖顶于母管后再逆时针回旋两圈。数据参见表 4-3。

接线孔数据表（仅供参考）　　　　　　表 4-3

序号	钢管外径(mm)	壁厚(mm)	开孔刀外径(mm)	最高转速(r/min)	马鞍块高度(mm)	中心钻外露长度(mm)	进给量(mm/r)	中心钻开孔时间(min)	开孔时间(min)	总计时间(min)	备注
1	59	4.5	40	10	15	23	0.1	23	15	38	KKJ75 手动
2	89	4.5	70	44	26	34	0.1	8	6	14	KKJ150 电动

序号	钢管外径 (mm)	壁厚 (mm)	开孔刀外径 (mm)	最高转速 (r/min)	马鞍块高度 (mm)	中心钻外露长度 (mm)	进给量 (mm/r)	中心钻开孔时间 (min)	开孔时间 (min)	总计时间 (min)	备注
3	108	4.5	80	44	25	39	0.1	9	6	15	KKJ150 电动
4	114	4.5	90	44	30	34	0.1	8	7	15	KKJ150 电动
5	159	4.5	120	44	35	39	0.1	9	8	17	KKJ150 电动
6	168	6	140	44	50	39	0.1	9	11	20	KKJ150 电动
7	219	8	170	44	55	41	0.1	9	13	22	KKJ150 电动
8	273	8	195	33	53	41	0.1	13	16	29	KKJ300-1
9	325	8	245	26	69	41	0.1	16	27	43	KKJ300-1
10	406	8	345	18	113	41	0.1	23	63	86	KKJ500-1
11	426	12	345	18	110	41	0.1	22	60	82	KKJ500-1
12	508	8	395	19	108	31	0.1	19	68	87	KKJ500-1
13	529	12	395	16	108	31	0.1	19	67	86	KKJ500-1
14	273	8	195	33	53	41	0.14	9	12	21	KKJ300-2
15	325	8	245	26	69	41	0.14	11	19	30	KKJ300-2
16	426	12	345	18	110	41	0.15	15	40	55	KKJ500-2
17	508	8	395	16	108	31	0.15	13	45	58	KKJ500-2
18	529	12	395	16	108	31	0.15	13	45	58	KKJ500-2
19	630	8	570	17	214	50	0.15	20	84	104	KKJ500-2
20	720	9	670	14	273	50	0.15	24	130	154	KKJ500-2

4.7 接线开孔作业

接线方式主要有两种形式，上接法（图 4-9）和下接法（图 4-10）。上接法应用较为普遍，广泛采用此种方式进行作业；当作业环境不允许，如管道埋深不符合安全要求时，可采用下接法进行接线作业。

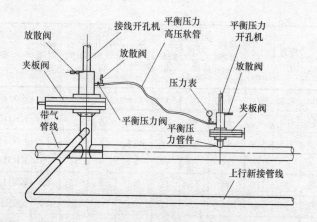

图 4-9 上接法

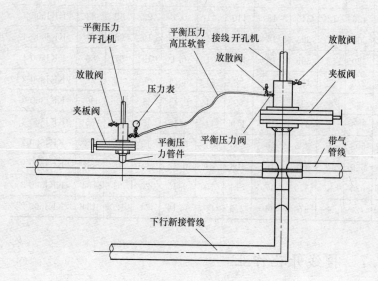

图 4-10 下接法

（1）液压站试车，检查压力表的压力是否稳定，液压系统是否漏油，检查正常后，接通高压供油管、回油管。

（2）在平衡压力孔的阀门上安装开孔机进行开孔，开孔结束后把开孔刀收回连箱，关闭阀门，进行严密度检测，合格后平衡压力孔连箱泄压，卸下开孔机，安装下堵器（安装好堵塞），并将平衡压力管与开孔连箱连接（图 4-11、图 4-12）。

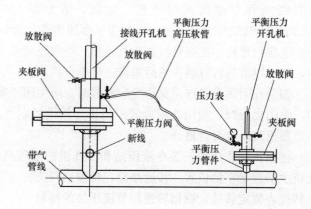

图 4-11 压力平衡示意图（0.4MPa 以下，DN400 以上接线）

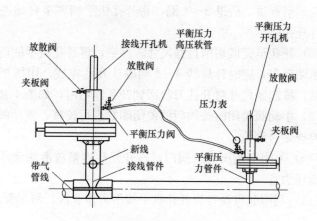

图 4-12 压力平衡示意图（0.4MPa 以上）

（3）打开平衡压力管阀门，进行开孔连箱和新线置换，置换位置应设置在接线点后第一座闸井前放散阀门处，置换压力控制在 5000Pa 以下，应由管线管理单位负责检测，连续检测 3 次，每次间隔不小于 5min，当燃气浓度大于 90% 为合格。关闭放散，待压力与母管压力平衡后，对接线管件和开孔附属设备以及接线管件与新管线连接部位的焊道进行严密度检测。

（4）如焊道严密度检测不合格时，先关闭平衡压力管阀门，利用新管线闸井前放散阀门处进行放散，压力在 1.0MPa、2.5MPa 时应将管线压力放至零。再利用平衡压力管放散阀进行氮气或空气吹扫置换，在新管线放散处检测，燃气浓度低于 1% 合格后，应对焊道进行打磨，然后返修，直至合格。

（5）如开孔附属设备连接部位发生泄漏时，应关闭平衡压力管阀门，关闭夹板阀，利用连箱放散阀门将连箱内的燃气放空，对设备重新组装，直至合格。

（6）将液压胶管分别安装在液压站和开孔机的液压马达上，将开孔机手柄置于空挡位置，接通油路，检查钻杆旋转方向，按照刀具转速表测定转速，根据转速调节液压站的排量。

（7）快速进给钻杆，使中心钻钻尖距管顶 10cm 后停车改为手动盘车至管顶，后退 2～4 圈，将开孔机手柄调至自动进给挡后进行开孔。

（8）开孔至完成切削行程尺寸时停钻，将开孔机手柄调至空挡位手动盘车，逆时针旋转 3～4 圈确认开孔完成，用摇把顺时针旋转，按起始尺寸将开孔刀收回到开孔连箱内，如图 4-13。

（9）手动阀关闭时按阀门的关闭圈数进行校核，液动阀门关闭时检查是否到位。

（10）关闭平衡压力管阀门，打开开孔连箱放散阀泄压，拆卸平衡压力管。

（11）利用起重设备将开孔机平缓吊离作业区，吊车臂回位。

4.8 下堵塞

（1）利用起重设备将下堵器安装在夹板阀上。

（2）将平衡压力管与下堵器连接，打开平衡压力管阀门和下堵器连箱上的放散阀门，对下堵器进行置换，合格后关闭放

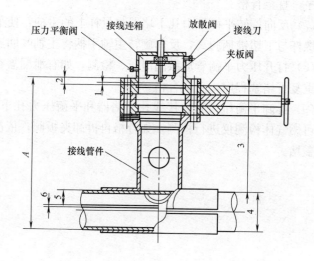

图 4-13　接线行程完成尺寸（$A=2+3+5+6$）

1—中心钻尖至连箱口尺寸（mm）；2—刀尖至连箱口尺寸（mm）；
3—夹板阀口至管顶尺寸（mm）；4—管道外径尺寸（mm）；
5—接线孔马鞍块高度尺寸（mm）（查表）；6—刀具切削
抄位量尺寸（mm），一般取 2～5mm

散阀。

（3）待压力平衡后打开夹板阀，顺时针旋动主轴手柄将堵塞下行到法兰腔内，到计算尺寸后，按旋出锁块圈数，锁紧堵塞。逆时针旋转主轴手柄，主轴不能上升时，证明堵塞被锁死。

（4）关闭平衡孔的阀门，缓慢打开下堵连箱的放散阀，检查接线管件堵塞的密封性。如有泄漏需重复下堵塞程序，直至合格。

（5）反向旋转接线孔下堵器测量杆上的手柄，使下堵器中心螺杆与下堵锥柄脱离，反向旋转主轴手柄将主轴收回连箱。

（6）打开平衡孔的夹板阀，对平衡压力孔管件下堵塞后，打开平衡压力管放散阀泄压，检测是否堵塞泄漏，如有泄漏应检查堵塞〇形环是否有破损，如有破损进行更换，然后重复下堵塞作业程序，直至合格。

（7）反向旋转平衡压力孔下堵器测量杆上的手柄，使下堵器中心螺杆与下堵锥柄脱离，反向旋转主轴手柄将主轴收回连箱。

（8）打开压力平衡管放散阀泄压、检测，如有泄漏需查明原因，重复下堵塞程序，直至合格。

（9）拆卸平衡压力管、接线孔下堵器和平衡压力孔下堵器，再用可燃气体检测仪进行检测，如合格再拆卸夹板阀，依次安装法兰盖堵。

第5章 燃气管道不停输切线作业操作要求

5.1 设备目录

主辅机对应配套表，见表 5-1。

5.2 设备的检查

1. 开孔机：进给箱、主传动箱、变速箱的齿轮油的油位，液压泵、快速接头。

2. 切线连箱：连接密封圈，切线连箱上所有的连接端面是否清洁完好，切线连箱上的放散阀是否完好。

3. 切线刀：刀齿是否有磨损、裂纹及缺齿。

4. 中心钻：钻尖是否有磨损，检查中心钻和切线刀是否配套，检查 U 形卡是否灵活，不能有油污、磨损及断裂。

5. 夹板阀：夹板阀与作业压力是否匹配，密封圈是否有破损或龟裂，阀腔内是否有异物，密封面是否有划伤、变形，启闭是否灵活、到位，旁路针形阀是否通畅，螺丝丝扣是否完好，螺杆是否变形、松动。手动夹板阀检查启闭圈数（启闭圈数以现场记录为依据），液压夹板阀检查启闭尺寸，并记录结果。

6. 液压站：油位是否符合规定，液压站电路部分是否完好。液压站试车，接通高压油管回路，检查压力表的压力是否稳定，液压系统是否漏油。

7. 切线管件：是否与作业任务单的规格、压力匹配，检查堵塞法兰锁块是否齐全完好，堵塞上橡胶〇形密封圈是否完好。管

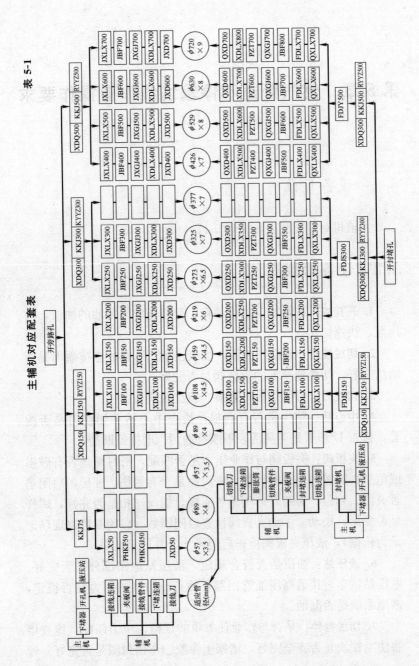

表 5-1

主辅机对应配套表

62

件的上下半瓦应是成套的，出厂时已有标记，不能混用。

8. 封堵作业： 封堵作业有两种类型，第一种是 FDQS150、FDQS300 使用的封堵器为手动，第二种封堵器为 FDQY500 液动型，它们与膨胀筒的连接方式相同。

9. 封堵设备： FDQS150、FDQS300 封堵器的组配设备部件主要是：封堵器、封堵连箱、膨胀筒。先将封堵器与封堵连箱加密封圈连接紧固，将主轴伸出封堵连箱，再与膨胀筒连接并旋回封堵连箱内，此时膨胀筒应缩至最小尺寸。

10. 其他检查： 以上 9 项检查内容出库时应填写出库检查记录表，入库时填写入库检查记录表，使用人和保管员双方在记录表上签字，见表 5-2。

开孔封堵作业设备出入库情况登记表（仅供参考） 表 5-2

接线管件		切线管件			压力平衡管件	
工程名称				使用班组		
工程地点				领取时间		
序号	设备名称、规格及编号		领取数量	领取确认	返回确认	备注
1	开孔机 KKJ					
2	封堵器 FDQ					
3	下堵器 XDQ					
4	夹板阀 JBF					
5	启动箱 QDX					
6	液压站 YYZ					
7	开孔机摇把					
8	下堵接柄					
9	下堵手柄					
10	下堵标志杆					
11	液压传动胶管					
12	压力平衡法兰					
13	压力平衡胶管					

序号	设备名称、规格及编号	领取数量	领取确认	返回确认	备注
14	放散法兰短节				
15	金属(石墨)垫				
16	石棉垫				
17	螺栓				
18	堵塞密封圈				
19	夹板阀密封圈				
发放检验人签字			发放使用人签字		
返回时间		有无《开孔机械使用记录表》			
返回检验人签字			返回使用人签字		

5.3 作业前准备工作

（1）根据作业任务单的切线规格选择相匹配的切线开孔设备。

（2）用摇把摇出开孔机的钻杆，清洁钻杆的椎体和内孔及螺纹部分，正确安装定位键。

（3）将切线刀安装在开孔机钻杆上，使用专用套筒扳手将中心钻旋入钻杆使之紧固保证切线刀与中心钻同心，将切线刀收回到切线连箱内。

（4）选用与下堵器配套的下堵连箱和锥接柄。首先检查堵塞上的○形圈密封面，将要下的接线管件和切线管件的堵塞与锥接柄连接好，将下堵器的主轴与锥接柄相对，顺时针旋动下堵器大手柄，用标志杆手柄顺时针旋转下堵器拉杆使丝扣与锥接柄相连锁紧，而后逆时针旋转大手柄将堵塞收回连箱内，见图5-1。

（5）安装封堵设备前，首先测量膨胀筒的规格要与切线刀规格相对应，膨胀筒收缩后的外径尺寸要小于切线刀外径尺寸，封堵尺寸见测算图表（图5-1及表5-3），将封堵器行程尺寸和膨胀筒密封工作时膨胀的圈数做好记录。膨胀筒开口侧对来气方向，

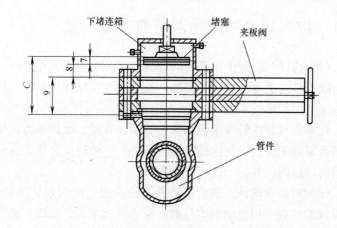

图 5-1　下堵塞行程完成尺寸 $C=7+8+9$

7—堵塞厚度尺寸（mm）；8—堵塞底至连箱口尺寸（mm）；

9—夹板阀上口至锁块尺寸（mm）

把组装好的封堵器安装在夹板阀上。

膨胀筒高度及理论圈数表　　　表 5-3

项目 参数规格	膨胀筒高度 尺寸(mm)	自然状态 (mm)	最小伸缩 尺寸(mm)	最大膨胀 尺寸(mm)	理论圈数
PZT-80	180	102	95	103.5	5.7
PZT-100	220	140	132	141.5	6.3
PZT-150	270	190	182	191.5	6.3
PZT-200	320	240	230	242	8
PZT-250	370	290	280	292	8
PZT-300	420	340	330	342	8
PZT-400	560	460	453	465	8
PZT-500	660	560	553	565	8
PZT-600	760	660	653	665	8
PZT-700	860	760	753	765	8

（6）准备好平衡孔的部件。

5.4　切线作业现场预制前的准备工作

（1）选择与切线作业匹配的切线管件、平衡压力孔管件。检查切线管件的法兰水线是否完好，清洁切线管件和平衡压力孔管件的法兰面和法兰水线。

现场应与管线管理单位确认：管位、管径、运行压力；切线后是否影响工况；空气吹扫检测点位置，一般应设在切线点最近阀门前放散阀门处。

（2）对切线确认点的管段的外表面应进行防腐层铲除处理，在焊缝的位置上用电动钢刷打磨，除去表面油污、底漆，表面应光滑，进行管壁测厚，焊接位置的壁厚不低于原壁厚的 3/5。

（3）安装切线管件和平衡压力孔管件时，先测切线管件处管段的椭圆度，保证椭圆度不超过 1%；与管壁间隙在 0～2mm 之间，利用起重设备将 $DN200$（不含）以上切线管件，平稳吊装在母管上。

（4）中心钻部位定点要躲开母管焊缝。

（5）切线管件堵塞法兰中心线要垂直于母管轴心线（图 5-2）。

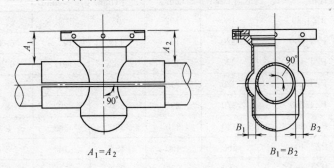

图 5-2　切线管件预制

（6）点焊接前，应将母管外表焊位修磨平整，当 $A_1 = A_2$ 时进行测量及尺寸校对符合后，使法兰堵塞的上下半瓦能与母管外表紧密贴合，并使法兰平面与母管轴线保持平行。先将上半瓦垂直于母管，再将对应下半瓦与上半瓦前后左右对齐并水平缝点焊，进一步检查确认。先要检测切线管件堵塞法兰平面与母管轴向平行（$A_1=A_2$）两端距离相等，如有偏差可用钢楔子上下降差，符合时，再将上下半瓦水平焊接。再检测切线管件左右内侧至母管外壁两侧距离要相等（$B_1=B_2$），确定切线管件法兰中心垂直于母管中心线，如有偏差可用钢楔子左右降差，符合时，再将上下半瓦环向焊口一侧点焊。原则上先焊两侧水平焊缝，再焊一侧环形焊缝，最后焊接另一侧环形焊缝，避免产生焊接应力。

（7）切线管件与平衡压力孔管件间距 0.5～1m，选位时应避开焊缝，切线管件焊接后利用管线介质压力进行严密度检测。

5.5 安装夹板阀

（1）选择与切线管件相匹配的夹板阀，将夹板阀的法兰水线或密封○形圈及凹槽清理干净。

（2）将石棉垫或密封○形圈擦干净，抹上锂基脂（工业黄油）置于夹板阀的法兰上或法兰的凹槽内。

（3）利用起重设备分别将夹板阀平缓吊装于切线管件上，同时人工将压力平衡孔阀门安装在压力平衡孔管件上，并以十字紧固的方法紧固螺母。

（4）开合阀板检查阀板是否灵活，记录阀板开启的圈数或开启的尺寸，关闭的圈数或关闭的尺寸。检查旁路针形阀是否关闭。

（5）当夹板阀处于打开的状态时，应检查阀腔内是否有铁屑、泥沙及其他异物，并清理干净，施工过程中注意不要让泥沙或杂物掉入阀内。

（6）将阀门全部打开，测量夹板阀的上法兰面至母管管顶的尺寸和夹板阀的上法兰面至下堵塞的尺寸并记录下来。

（7）将开孔管件的锁块伸出，清洁锁块上的油脂杂物，清洁锁块的凹槽，收回锁块，记录伸出和收回锁块圈数。

（8）用棉丝或布将接线管件内与堵塞结合部分上的锂基脂（工业黄油）及其他异物擦干净，防止开孔过程管道中的异物或铁屑粘在上面影响堵塞的密封性。

5.6　安装开孔机

（1）利用起重设备分别将开孔机平缓吊装于夹板阀上，夹板阀处于全部开启状态，并采用十字紧固方法紧固螺栓。

（2）按开孔机切削行程计算尺寸，如表5-4，将进给箱手柄放置手动挡或空位挡，用摇把顺时针旋转，将中心钻尖顶于母管后再逆时针回旋两圈。

切线孔数据表（仅供参考）　　　　　　表5-4

序号	钢管外径(mm)	壁厚(mm)	开孔刀外径(mm)	最高转速(r/min)	切削深度(mm)	中心钻外露长度(mm)	进给量(mm/r)	中心钻开孔时间(min)	开孔时间(min)	总计时间(min)	备注
1	89	4.5	102	55	94	30	0.1	5	17	23	KKJ150
2	108	4.5	140	45	113	20	0.1	4	25	30	KKJ150
3	114	4.5	140	45	119	20	0.1	4	26	31	KKJ150
4	159	4.5	190	35	164	20	0.1	6	47	53	KKJ150
5	168	6	190	35	173	20	0.1	6	49	55	KKJ150
6	219	8	240	30	224	30	0.1	10	75	85	KKJ300-1
7	273	8	295	25	278	30	0.1	12	111	123	KKJ300-1
8	325	8	350	20	330	30	0.1	15	165	180	KKJ300-1
9	406	8	460	15	411	50	0.1	47	274	321	KKJ500-1
10	426	12	460	15	431	50	0.1	47	287	334	KKJ500-1
11	508	8	560	12	513	50	0.1	58	428	486	KKJ500-1
12	529	12	560	12	534	50	0.1	58	445	503	KKJ500-1
13	219	8	240	30	224	30	0.14	7	53	60	KKJ300-2

序号	钢管外径(mm)	壁厚(mm)	开孔刀外径(mm)	最高转速(r/min)	切削深度(mm)	中心钻外露长度(mm)	进给量(mm/r)	中心钻开孔时间(min)	开孔时间(min)	总计时间(min)	备注
14	273	8	295	25	278	30	0.14	9	79	88	KKJ300-2
15	325	8	350	20	330	30	0.14	11	118	129	KKJ300-2
16	406	8	460	15	411	50	0.15	31	183	214	KKJ500-2
17	426	12	460	15	431	50	0.15	31	192	223	KKJ500-2
18	508	8	560	12	513	50	0.15	39	285	324	KKJ500-2
19	529	12	560	12	534	50	0.15	39	297	336	KKJ500-2
20	630	8	660	14	635	72	0.15	34	302	336	KKJ500-2
21	720	9	760	12	725	72	0.15	40	403	443	KKJ500-2

5.7 切线开孔作业

（1）液压站试车，检查压力表的压力是否稳定，液压系统是否漏油，检查正常后，接通高压供油管、回油管。

（2）首先在平衡压力孔的阀门上安装开孔机进行开孔，开孔结束后把钻头收回连箱，关闭阀门，进行严密度检测，合格后开孔连箱泄压，卸下开孔机，安装下堵器（安装好堵塞），并将平衡压力管与切线连箱连接，见图5-3。

（3）打开平衡压力管阀门，将切线连箱置换合格，待压力平衡后，对切线管件、开孔附属设备及与夹板阀连接部位和切线管件的焊道进行严密度检测。

（4）当上述严密度检测不合格时，先关闭平衡压力管阀门，利用切线连箱放散处进行放散，将切线连箱内压力放为零。用氮气或空气吹扫置换检测合格后，对焊道进行返修或对设备重新组装，直至合格。

（5）将开孔机手柄置于空挡位置，接通油路，检查钻杆旋转

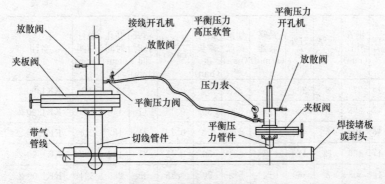

图 5-3　机械切线示意图

方向，按照刀具转速表测定转速，根据转速调节液压站的排量。

（6）将开孔机手柄调至自动进给挡，进行开孔。

（7）开孔至完成切削行程尺寸时停钻，将开孔机手柄调至空位挡，逆时针旋转 3～4 圈确认开孔完成，用摇把顺时针旋转，按起始尺寸将开孔刀收回到切线连箱内，见图 5-4。

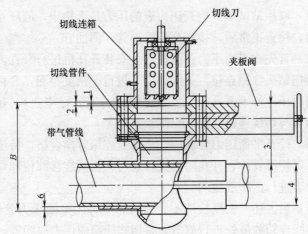

图 5-4　切线行程完成尺寸（$B＝2＋3＋4＋6$）

1—中心钻尖至连箱口尺寸（mm）；2—刀尖至连箱口尺寸（mm）；

3—夹板阀口至管顶尺寸（mm）；4—管道外径尺寸（mm）；

6—刀具切削抄位量尺寸（mm），一般取 2～5mm

（8）按照夹板阀关闭的圈数或关闭的尺寸关闭阀门。

（9）关闭平衡压力管阀门，打开切线连箱放散阀泄压，拆卸开孔机和切线连箱一侧的平衡压力管。

（10）利用起重设备将开孔机平缓吊离作业区，起重臂回位。

5.8 封堵作业

5.8.1 FDQS150、FDQS300 封堵器

（1）利用起重设备将封堵设备平缓吊装于夹板阀上，并核对膨胀筒开口是否对准来气方向。

（2）连接平衡压力管于封堵连箱，打开平衡压力孔和封堵连箱上的放散阀，放散置换至合格，关闭放散阀门。打开夹板阀并开启到位，对封堵管件及开孔设备连接部位检测严密度。如不合格，则利用平衡压力管放散阀泄压，重新安装封堵设备，直至检测合格。

（3）按照下膨胀筒到位的行程尺寸，见图5-4。

（4）下膨胀筒到位，脱开导向块，并夹紧在丝杠扁上，继续逆时针转动丝杆手柄使膨胀筒胀开，实现对管路的封堵。

（5）关闭封堵连箱上的放散阀，打开平衡压力管上放散阀泄压，将管内压力放空。如果持续放散，证明封堵不严，需要启动重复封堵程序，直至封堵合格。

（6）对下游管线放散点进行放散泄压至燃气压力为零。

（7）在平衡压力管放散阀上连接空气吹扫装置或氮气吹扫装置管向下游管线进行氮气或空气吹扫置换，置换压力控制在5000Pa以下，氮气置换时氮气温度应控制在5℃以上。同时在下游管线末端放散点放散检测，燃气浓度达到1‰以下为合格后，关闭平衡压力管放散阀，拆除吹扫氮气或空气装置。

（8）断管位置设在平衡压力孔后0.25～0.6m处，进行断管，断管长度大于0.5m。0.4MPa以下、$DN400$（不含）以下永久切线，可在压力平衡孔与切线管件之间进行断管。

（9）在平衡压力管下游一侧焊接堵板或封头。

（10）开启平衡压力管放散阀和封堵连箱放散阀，在平衡压力孔下堵连箱放散阀放散置换，合格后关闭放散阀。

（11）对焊接后堵板或封头进行严密度检测，如有泄漏，关闭封堵连箱放散阀，打开平衡压力管放散阀，将压力放为零，利用氮气进行重新置换，合格后施焊，进行焊口修复，直至合格达到严密度要求为止。

（12）打开平衡压力阀，确认膨胀筒两侧压力平衡。

（13）顺时针转动丝杆手柄使膨胀筒缩小，将膨胀筒收至封堵连箱内，关闭切线管件夹板阀和平衡压力孔夹板阀，打开平衡压力孔放散阀，将压力放为零。

（14）利用起重设备拆卸封堵器（下堵塞操作程序见 5.9）。

5.8.2　FDQY500 封堵器

（1）当在 $DN400\sim DN700$ 管径上进行封堵作业时，需采用 FDQY500 型封堵器。主传动轴的升降式采用 YYZ500 液压站用油压驱动。

（2）检查液压站工作参数，液压站流量调至排量的 30%，限量溢流压力为 $\leqslant6.0MPa$。

（3）利用起重设备将封堵设备平缓吊装于夹板阀上，并核对膨胀筒开口，对准来气方向。

（4）连接平衡压力管于封堵连箱放散阀上，打开平衡压力孔和封堵连箱上的放散阀，放散置换至合格，关闭放散阀门。打开夹板阀并开启到位，对封堵管件及封堵设备连接部位检测严密度。如不合格，则利用平衡压力管放散阀泄压，重新安装封堵设备，直至检测合格为止。

（5）按照下膨胀筒到位的行程尺寸，见图 5-5。

（6）将标有刻度的移动式传动杆从顶部插入到封堵器内，下膨胀筒到位。

（7）利用快速接头连通液压站与封堵器液压缸，启动液压站驱动主传动轴，将膨胀筒送至切线管件中，按照下膨胀筒到位的

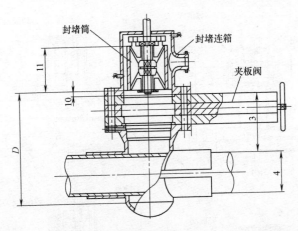

图 5-5　下膨胀筒行程完成尺寸（$D=3+4+10+(11-4)/2$）

3—夹板阀口至管顶尺寸（mm）；4—管道外径尺寸（mm）；

10—膨胀筒底至连箱口尺寸（mm）；11—膨胀筒高度尺寸（mm）

行程尺寸，见图 5-6。用手柄逆时针旋转封堵器上方的移动传动杆，胀开膨胀筒（注：膨胀筒下到封堵部位时要及时将封堵器上的油压进出口球阀关闭，实现对管路的封堵）。

行程尺寸计算方法如下：

图 5-6（a）接线行程完成尺寸：$A=2+3+5+6$（mm）

图 5-6（b）切线行程完成尺寸：$B=2+3+4+6$（mm）

图 5-6（c）下堵塞行程完成尺寸：$C=7+8+9$（mm）

图 5-6（d）下膨胀筒行程完成尺寸：$D=3+4+10+(11-4)/2$（mm）

（8）关闭封堵连箱上的放散阀，打开平衡压力管上放散阀泄压，将管内压力放空。如果持续放散证明封堵不严，需要重复封堵程序，直至封堵合格。

（9）对下游管线放散点进行放散泄压至燃气压力为零。

（10）在平衡压力管放散阀上连接空气吹扫装置或氮气吹扫装置管向下游管线进行氮气或空气吹扫置换，氮气向下游进行吹扫置换，置换压力控制在 5000Pa 以下，氮气置换时氮气温度应

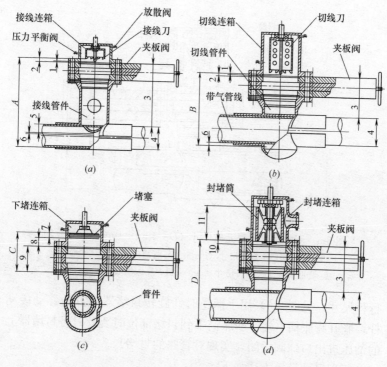

图 5-6　接线、切线、下堵塞、下膨胀筒行程计算图

1—中心钻尖至连箱口尺寸（mm）；2—刀尖至连箱口尺寸（mm）；3—夹板阀口至管顶尺寸（mm）；4—管道外径尺寸（mm）；5—接线孔马鞍块高度尺寸（mm）（查表）；6—刀具切削抄位量尺寸（mm），一般取 2～5mm；7—堵塞厚度尺寸（mm）；8—堵塞底至连箱口尺寸（mm）；9—夹板阀上口至锁块尺寸（mm）；10—膨胀筒底至连箱口尺寸（mm）；11—膨胀筒高度尺寸（mm）

控制在 5℃以上。同时在下游管线末端放散点放散检测，燃气浓度达到 1%以下为合格后，关闭平衡压力管放散阀，拆除吹扫氮气装置。

（11）断管位置设在平衡压力孔后 0.25～0.6m 处，进行断管，断管长度大于 0.5m。

（12）在平衡压力管下游一侧焊接堵板或封头。

（13）开启平衡压力管放散阀和封堵连箱放散阀，在平衡压力孔下堵连箱放散阀放散置换，合格后关闭放散阀。

（14）对焊接后堵板或封头进行严密度检测，如有泄漏，关闭封堵连箱放散阀，打开平衡压力管放散阀，放散泄压至零，利用氮气进行重新置换，合格后施焊，进行焊口修复，直至合格，次高压 A 以上利用氮气进行重新置换，合格后施焊，达到严密度要求为止。

（15）打开平衡压力阀，确认膨胀筒两侧压力平衡。

（16）用手柄顺时针旋转封堵器上方的移动传动杆，缩小膨胀筒。利用快速接头连通液压站与封堵器液压缸，启动液压站驱动主传动轴，将膨胀筒收至封堵连箱内。

（17）关闭切线管件夹板阀和平衡压力孔夹板阀，打开平衡压力孔放散阀，将压力放为零。

（18）利用起重设备拆卸封堵器（下堵塞操作程序见 5.9）。

5.9 下堵塞

（1）利用起重设备安装下堵器。

（2）重新将平衡压力管安装于下堵器的放散阀上，打开平衡压力管阀门和下堵器的平衡压力阀门，对下堵器进行置换，直至合格。

（3）打开夹板阀，顺时针旋动主轴手柄将堵塞下行到法兰腔内，旋转到计算尺寸后，按旋出锁块圈数，锁紧堵塞。逆时针旋转主轴手柄主轴不能上升时，证明堵塞被锁住，然后，依次在堵塞法兰四周安装锁块孔丝堵。

（4）关闭平衡孔的阀门，缓慢打开下堵连箱的放散阀，检查接线管件堵塞的密封性。如有泄漏需重复下堵塞程序，直至合格。

（5）反向旋转接线孔下堵器测量杆上的手柄，使下堵器中心螺杆与下堵锥柄脱离，反向旋转主轴手柄将主轴收回连箱。

（6）打开平衡孔的阀门，对平衡压力孔管件下堵塞后，打开平衡压力管放散阀并检测，如有泄漏需重复下堵塞程序，直至合格。

（7）反向旋转平衡压力孔下堵器测量杆上的手柄，使下堵器中心螺杆与下堵锥柄脱离，反向旋转主轴手柄将主轴收回连箱。

（8）再将压力平衡管打开放散阀并检测，如有泄漏需重复下堵塞程序，直至合格。

（9）拆卸平衡压力管，利用起重设备吊装拆卸，切线孔下堵器和平衡压力孔下堵器，再用可燃气体检测仪进行检漏，如合格依次再拆卸夹板阀。

（10）在堵塞法兰腔内均匀涂抹锂基脂（工业黄油），然后，依次安装法兰盖堵。

（11）管理单位对作业点除锈防腐、警示带、信息球和作业坑回填进行检测验收。

5.10 提堵塞

（1）目的：

1）下堵过程中堵塞密封〇形圈出现破损，密封不严时，重新更换密封材料。

2）利用原有的切线管件重新进行封堵作业。

（2）清除防腐、拆卸法兰盖堵，清理切线管件法兰密封面及堵塞法兰四周拆卸锁块孔丝堵，平衡压力孔密封面及法兰侧孔、法兰堵塞和锥接柄接触面。

（3）在平衡压力孔堵塞法兰上安装堵塞接柄，将下堵器安装在平衡压力孔的夹板阀上，顺时针旋转下堵器主轴，使下堵器接柄与堵塞连接，逆时针旋转下堵器，使堵塞收回下堵器连箱内。

（4）在切线管件堵塞法兰上安装锥接柄，用起重设备吊装夹板阀（夹板阀处于开启状态）、下堵器，测算堵塞收入下堵连箱尺寸，见图 5-6。

（5）将平衡压力管分别与切线管件下堵器连箱和平衡压力孔下堵器连箱放散阀连接，打开平衡压力管放散阀门和切线管件下堵器的放散阀门，对下堵器进行置换，在下堵器连箱放散阀放散、取样、检测，直至合格。

（6）顺时针旋转下堵器主轴，使拉杆与切线管件上的堵塞接柄连接，按圈数收回锁块至堵塞法兰腔内，逆时针旋转下堵器，使堵塞收回下堵器连箱内。

（7）关闭切线管件和平衡压力孔夹板阀，打开平衡压力管放散阀泄压放空。

（8）用起重设备拆卸切线管件的下堵器。

（9）从事再利用的程序。

第6章 燃气管道不停输改线作业操作要求

6.1 设备目录

主辅机对应配套表，见表6-1。

6.2 设备的检查

1. 开孔机：进给箱、主传动箱、变速箱的齿轮油的油位，液压泵、快速接头。

2. 开孔连箱：连接密封圈，切改线连箱上所有的连接端面是否清洁完好，连箱上的放散阀是否完好。

3. 开孔机刀具：刀齿是否有磨损、裂纹及缺齿。

4. 中心钻：钻尖是否有磨损，检查中心钻和切线刀是否配套，检查U形卡是否灵活，不能有油污、磨损及断裂。

5. 夹板阀：夹板阀与作业压力是否匹配，密封圈是否有破损或龟裂，阀腔内是否有异物，密封面是否有划伤、变形，启闭是否灵活、到位，旁路针形阀是否通畅，螺丝丝扣是否完好，螺杆是否变形、松动。手动夹板阀检查启闭圈数（启闭圈数以现场记录为依据），液压夹板阀检查启闭尺寸，并记录结果。

6. 液压站：油位是否符合规定，液压站电路部分是否完好。液压站试车，接通高压油管回路，检查压力表的压力是否稳定，液压系统是否漏油。

7. 切改线管件：是否与作业任务单的规格、压力匹配，检查堵塞法兰锁块是否齐全完好，堵塞上橡胶○形密封圈是否完好。

78

表 6-1

主辅机对应配套表

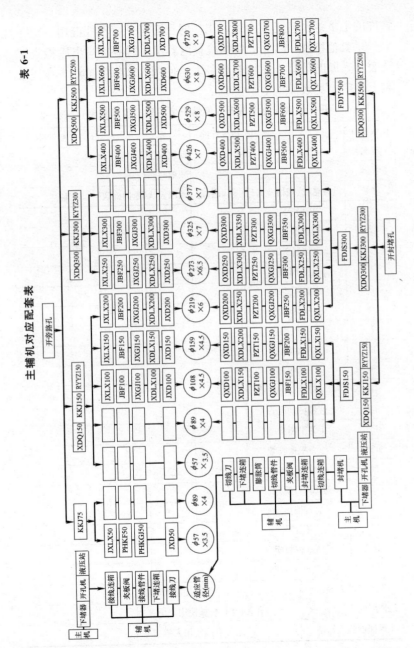

管件的上下半瓦应是成套的，出厂时已有标记，不能混用。

8. **其他检查**：以上 7 项的检查内容出库时应填写出库检查记录表，入库时填写入库检查记录表，使用人和保管员双方在记录表上签字，见表 6-2。

开孔封堵作业设备出入库情况登记表（仅供参考） 表 6-2

接线管件			切线管件			压力平衡管件	
工程名称				使用班组			
工程地点				领取时间			
序号	设备名称、规格及编号		领取数量	领取确认	返回确认	备注	
1	开孔机 KKJ						
2	封堵器 FDQ						
3	下堵器 XDQ						
4	夹板阀 JBF						
5	启动箱 QDX						
6	液压站 YYZ						
7	开孔机摇把						
8	下堵接柄						
9	下堵手柄						
10	下堵标志杆						
11	液压传动胶管						
12	压力平衡法兰						
13	压力平衡胶管						
14	放散法兰短节						
15	金属(石墨)垫						
16	石棉垫						
17	螺栓						
18	堵塞密封圈						
19	夹板阀密封圈						
发放检验人签字			发放使用人签字				
返回时间			有无《开孔机械使用记录表》				
返回检验人签字			返回使用人签字				

6.3 作业前准备工作

（1）根据作业方案制定作业方式及切改线规格选择相匹配的开孔设备。

（2）用摇把摇出开孔机的钻杆，清洁钻杆的椎体和内孔及螺纹部分，正确安装定位键。

（3）将刀具安装在开孔机钻杆上，使用专用套筒扳手将中心钻旋入钻杆使之紧固保证开孔刀与中心钻同心，将开孔刀收回到连箱内。

（4）选用与下堵器配套的下堵连箱和锥接柄。首先检查堵塞上的○形圈密封面，将要下的接线管件和切线管件的堵塞与锥接柄连接好，将下堵器的主轴与锥接柄相对，顺时针旋动下堵器大手柄，用标志杆手柄顺时针旋转下堵器拉杆使丝扣与锥接柄相连锁紧，而后逆时针旋转大手柄将堵塞收回连箱内，见图6-1。

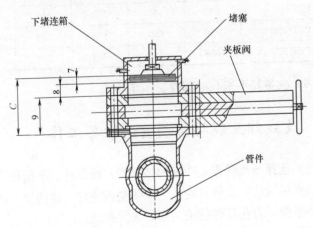

图 6-1　下堵塞行程完成尺寸（$C=7+8+9$）

7—堵塞厚度尺寸（mm）；8—堵塞底至连箱口尺寸（mm）；9—夹板阀上口至锁块尺寸（mm）；10—膨胀筒底至连箱口尺寸（mm）；11—膨胀筒高度尺寸（mm）

（5）安装封堵设备前，首先测量膨胀筒的规格要与切线孔规格相对应，膨胀筒收缩后的外径尺寸要小于切线刀外径尺寸，封堵尺寸见测算图表（图 6-1 及表 6-3），将封堵器行程尺寸和膨胀筒密封工作时膨胀的圈数做好记录。膨胀筒开口侧对来气方向，把组装好的封堵器安装在夹板阀上。

膨胀筒高度及理论圈数表　　　　　表 6-3

项目 参数规格	膨胀筒高度 尺寸(mm)	自然状态 (mm)	最小伸缩 尺寸(mm)	最大膨胀 尺寸(mm)	理论圈数
PZT-80	180	102	95	103.5	5.7
PZT-100	220	140	132	141.5	6.3
PZT-150	270	190	182	191.5	6.3
PZT-200	320	240	230	242	8
PZT-250	370	290	280	292	8
PZT-300	420	340	330	342	8
PZT-400	560	460	453	465	8
PZT-500	660	560	553	565	8
PZT-600	760	660	653	665	8
PZT-700	860	760	753	765	8

（6）准备好平衡孔的部件。

6.4　改线作业现场预制前的准备工作

（1）选择与改线作业匹配的接（切）线管件、平衡压力孔管件。检查接（切）线管件的法兰水线是否完好，清洁接（切）线管件和平衡压力孔管件的法兰面和法兰水线。

现场应与管线管理单位确认：管位、管径、运行压力；改线后是否影响工况；空气吹扫检测点位置，应选择适合放散条件的作业点为检测位置。

（2）对改线确认点的管段的外表面应进行防腐层铲除处理，

在焊缝的位置上用电动钢刷打磨，除去表面油污、底漆，表面应光滑，进行管壁测厚，焊接位置的壁厚不低于原壁厚的 3/5。

（3）安装接（切）线管件和平衡压力孔管件时，先测接（切）线管件处管段的椭圆度，保证椭圆度不超过 1%；与管壁间隙在 0~2mm 之间，利用起重设备将 DN200（不含）以上接（切）线管件，平稳吊装在母管上。

（4）中心钻部位定点要躲开母管焊缝。

（5）接（切）线管件堵塞法兰中心线要垂直于母管轴心线（见图 6-2、图 6-3）

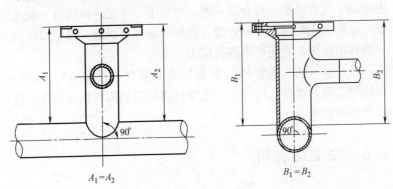

图 6-2　接线管件预制

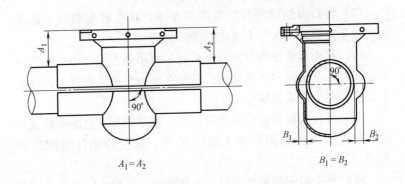

图 6-3　切线管件预制

（6）点焊接前，应将母管外表焊位修磨平整，当 $A_1 = A_2$ 时进行测量及尺寸校对符合后，使法兰堵塞的上下半瓦能与母管外表紧密贴合，并使法兰平面与母管轴线保持平行。先将上半瓦垂直于母管，再将对应下半瓦与上半瓦前后左右对齐，并水平缝点焊，进一步检查确认。先要检测接（切）线管件堵塞法兰平面与母管轴向平行（$A_1 = A_2$）两端距离相等，如有偏差，可用钢楔子上下降差，符合要求时，再将上下半瓦水平焊接。再检测接（切）线管件左右内侧至母管外壁两侧距离，要相等（$B_1 = B_2$），确定接（切）线管件法兰中心垂直于母管中心线，如有偏差，可用钢楔子左右降差，符合要求时，再将上下半瓦环向焊口一侧点焊。原则上先焊两侧水平焊缝，再焊一侧环形焊缝，最后焊接另一侧环形焊缝，避免产生焊接应力。

（7）接（切）线管件与平衡压力孔管件间距 0.5～1m 处，选位时应避开焊缝，接（切）线管件焊接后利用管线介质压力进行严密度检测。

6.5　安装夹板阀

（1）选择与接（切）线管件相匹配的夹板阀，将夹板阀的法兰水线或密封○形圈及凹槽清理干净。

（2）将石棉垫或密封○形圈擦干净，抹上锂基脂（工业黄油）置于夹板阀的法兰上或法兰的凹槽内。

（3）利用起重设备分别将夹板阀平缓吊装于接（切）线管件上，同时人工将压力平衡孔阀门安装在压力平衡孔管件上，并以十字紧固的方法紧固螺母。

（4）开合阀板检查阀板是否灵活，记录阀板开启的圈数或开启的尺寸，关闭的圈数或关闭的尺寸。检查旁路针形阀是否关闭。

（5）当夹板阀阀板处于打开的状态时，应检查阀腔内是否有铁屑、泥沙及其他异物，并清理干净，施工过程中注意不要让泥沙或杂物掉入阀内。

（6）将阀门全部打开，测量夹板阀的上法兰面至母管管顶的尺寸，将夹板阀的上法兰面至下堵塞的尺寸记录下来。

（7）将接（切）线管件的锁块伸出，清洁锁块上的油脂杂物，清洁锁块的凹槽，收回锁块，记录伸出和收回锁块圈数。

（8）用棉丝或布将接（切）线管件内与堵塞结合部分上的锂基脂（工业黄油）及其他异物擦干净，防止开孔过程管道中的异物或铁屑粘在上，影响堵塞的密封性。

6.6 安装开孔机

（1）利用起重设备分别将接（切）线开孔机平缓吊装于夹板阀上，夹板阀处于全部开启状态，并采用十字紧固方法紧固螺栓。

（2）分别按接（切）线开孔机切削行程计算尺寸表 6-4、表6-5，将进给箱手柄放置手动挡或空位挡，用摇把顺时针旋转，将中心钻尖顶于母管后再逆时针回旋两圈。

接线孔数据表（仅供参考）　　　　表 6-4

序号	钢管外径(mm)	壁厚(mm)	开孔刀外径(mm)	最高转速(r/min)	马鞍块高度(mm)	中心钻外露长度(mm)	进给量(mm/r)	中心钻开孔时间(min)	开孔时间(min)	总计时间(min)	备注
1	59	4.5	40	10	15	23	0.1	23	15	38	KKJ75 手动
2	89	4.5	70	44	26	34	0.1	8	6	14	KKJ150 电动
3	108	4.5	80	44	25	39	0.1	9	6	15	KKJ150 电动
4	114	4.5	90	44	30	34	0.1	8	7	15	KKJ150 电动
5	159	4.5	120	44	35	39	0.1	8	9	17	KKJ150 电动
6	168	6	140	44	50	39	0.1	9	11	20	KKJ150 电动
7	219	8	170	44	55	41	0.1	9	13	22	KKJ150 电动
8	273	8	195	33	53	41	0.1	13	16	29	KKJ300-1

序号	钢管外径(mm)	壁厚(mm)	开孔刀外径(mm)	最高转速(r/min)	马鞍块高度(mm)	中心钻外露长度(mm)	进给量(mm/r)	中心钻开孔时间(min)	开孔时间(min)	总计时间(min)	备注
9	325	8	245	26	69	41	0.1	16	27	43	KKJ300-1
10	406	8	345	18	113	41	0.1	23	63	86	KKJ500-1
11	426	12	345	18	110	41	0.1	22	60	82	KKJ500-1
12	508	8	395	16	108	31	0.1	19	68	87	KKJ500-1
13	529	12	395	16	108	31	0.1	19	67	86	KKJ500-1
14	273	8	195	33	53	41	0.14	9	12	21	KKJ300-2
15	325	8	245	26	69	41	0.14	11	19	30	KKJ300-2
16	426	12	345	18	110	41	0.15	15	40	55	KKJ500-2
17	508	8	395	16	108	31	0.15	13	45	58	KKJ500-2
18	529	12	395	16	108	31	0.15	13	45	58	KKJ500-2
19	630	8	570	17	214	50	0.15	20	84	104	KKJ500-2
20	720	9	670	14	273	50	0.15	24	130	154	KKJ500-2

切线孔数据表（仅供参考）　　表 6-5

序号	钢管外径(mm)	壁厚(mm)	开孔刀外径(mm)	最高转速(r/min)	切削深度(mm)	中心钻外露长度(mm)	进给量(mm/r)	中心钻开孔时间(min)	开孔时间(min)	总计时间(min)	备注
1	89	4.5	102	55	94	30	0.1	5	17	23	KKJ150
2	108	4.5	140	45	113	20	0.1	4	25	30	KKJ150
3	114	4.5	140	45	119	20	0.1	4	26	31	KKJ150
4	159	4.5	190	35	164	20	0.1	6	47	53	KKJ150
5	168	6	190	35	173	20	0.1	6	49	55	KKJ150
6	219	8	240	30	224	30	0.1	10	75	85	KKJ300-1
7	273	8	295	25	278	30	0.1	12	111	123	KKJ300-1
8	325	8	350	20	330	30	0.1	15	165	180	KKJ300-1
9	406	8	460	15	411	50	0.1	47	274	321	KKJ500-1

序号	钢管外径 (mm)	壁厚 (mm)	开孔刀外径 (mm)	最高转速 (r/min)	切削深度 (mm)	中心钻外露长度 (mm)	进给量 (mm/r)	中心钻开孔时间 (min)	开孔时间 (min)	总计时间 (min)	备注
10	426	12	460	15	431	50	0.1	47	287	334	KKJ500-1
11	508	8	560	12	513	50	0.1	58	428	486	KKJ500-1
12	529	12	560	12	534	50	0.1	58	445	503	KKJ500-1
13	219	8	240	30	224	30	0.14	7	53	60	KKJ300-2
14	273	8	295	25	278	30	0.14	9	79	88	KKJ300-2
15	325	8	350	20	330	30	0.14	11	118	129	KKJ300-2
16	406	8	460	15	411	50	0.15	31	183	214	KKJ500-2
17	426	12	460	15	431	50	0.15	31	192	223	KKJ500-2
18	508	8	560	12	513	50	0.15	39	285	324	KKJ500-2
19	529	12	560	12	534	50	0.15	39	297	336	KKJ500-2
20	630	8	660	14	635	72	0.15	34	302	336	KKJ500-2
21	720	9	760	12	725	72	0.15	40	403	443	KKJ500-2

6.7 改线开孔作业

切改线主要作业形式有两种：第一种为永久性切改线（改线位置所在管线输配情况为支线管网），采取先接后切的作业方式，此种作业方式不影响流量，如图 6-4 所示；第二种为临时性切改线（改线位置所在管线输配情况为环状管网），采取临时停气改造作业方式，如图 6-9 所示。

下面先介绍第一种永久性改线操作步骤。

(1) 液压站试车，检查压力表的压力是否稳定，液压系统是否漏油，检查正常后，接通高压供油管、回油管。

87

（2）首先在平衡压力孔的阀门上安装开孔机进行开孔，开孔结束后把钻头收回连箱，关闭阀门，进行严密度检测，合格后，由开孔连箱泄压，卸下开孔机，安装下堵器（安装好堵塞），并将平衡压力管与切线连箱连接。

（3）打开平衡压力管阀门，将切线连箱置换合格，待压力平衡后，对切线管件、开孔附属设备及与夹板阀连接部位和切线管件的焊道进行严密度检测。

（4）如上述严密度检测不合格，先关闭平衡压力管阀门，利用切线连箱放散处进行放散，将切线连箱内压力放为零。用氮气或空气吹扫置换检测合格后，对焊道进行返修或对设备重新组装，直至合格。

（5）如切线管件严密度检测合格，将切开孔机手柄置于空挡位置，接通油路，检查钻杆旋转方向，按照刀具转速表测定转速，根据转速调节液压站的排量。

（6）将切线开孔机手柄调至自动进给挡，进行开切线孔。

（7）开切线孔的同时，将平衡压力管与接线开孔机连箱连接，进行燃气置换空气，合格后待压力串平后对接线管件、开孔附属设备及与夹板阀连接的部位和切线管件的焊道进行严密度检测。

（8）切线管件严密度检测不合格时，先关闭平衡压力管阀门，利用切线连箱放散处进行放散，将切线连箱内压力放为零。用氮气或空气吹扫置换检测合格后，对焊道进行返修或对设备重新组装，直至合格。

（9）如接线管件严密度检测合格，将接线开孔机手柄置于空挡位置，接通油路，检查钻杆旋转方向，按照刀具转速表测定转速，根据转速调节液压站的排量。

（10）将接线开孔机手柄调至自动进给挡，进行开接线孔。

（11）接线开孔至完成切削行程尺寸时停钻，将开孔机手柄调至空位挡，逆时针旋转3～4圈，确认开孔完成，用摇把顺时针旋转，按起始尺寸将开孔刀收回到切线连箱内，见图6-5。

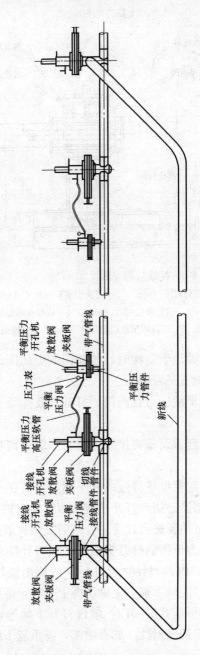

图 6-4　永久性改线

放散阀　夹板阀　带气管线　接线　开孔机　平衡压力高压软管　压力表　平衡压力机　放散阀　夹板阀　带气管件
开孔机　放散阀　平衡压力阀　接线管件　平衡压力阀　开孔机　放散阀　夹板阀
平衡压力机　接线管件　切线　平衡压力管件　新线

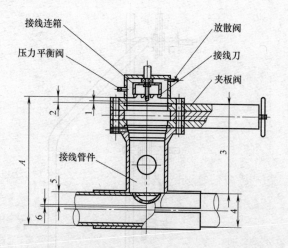

图 6-5 接线行程完成尺寸 ($C = 2 + 3 + 5 + 6$)

1—中心钻尖至连箱口尺寸（mm）；2—刀尖至连箱口尺寸（mm）；3—夹板阀口至
管顶尺寸（mm）；4—管道外径尺寸（mm）；5—接线孔马鞍块高度尺寸（mm）
（查表）；6—刀具切削抄位量尺寸（mm），一般取 2～5mm

（12）分别关闭手动阀时，按阀门的关闭圈数进行校核，液动阀门关闭时检查是否到位。

（13）关闭平衡压力管阀门，打开开孔连箱放散阀泄压，拆卸平衡压力管。

（14）利用起重设备将接线开孔机平缓吊离作业区，吊车臂回位。

（15）利用起重设备将接线孔下堵器安装在夹板阀上。将平衡压力管与下堵器连接，打开平衡压力管阀门和下堵器连箱上的放散阀门，对下堵器进行置换，合格后关闭放散阀。

（16）待压力平衡后打开夹板阀，顺时针旋动主轴手柄将堵塞下行到法兰腔内，到计算尺寸后，按旋出锁块圈数，锁紧堵塞。逆时针旋转主轴手柄，主轴不能上升时，证明堵塞被锁死。

（17）关闭平衡孔的阀门，缓慢打开下堵连箱的放散阀，检查接线管件堵塞的密封性。如有泄漏，需重复下堵塞程序，直至合格。

（18）反向旋转接线孔下堵器测量杆上的手柄，使下堵器中心螺杆与下堵锥柄脱离，反向旋转主轴手柄将主轴收回连箱。

（19）拆卸平衡压力管、接线孔下堵器，再用可燃气体检测仪进行检测，如合格，再拆卸夹板阀，依次安装法兰盖堵。

（20）接线作业完成，新线贯通。

（21）确认新线贯通无误后，待切线孔完成至切削行程尺寸时停钻，将开孔机手柄调至空位挡，逆时针旋转 3～4 圈，确认开孔完成，用摇把顺时针旋转，按起始尺寸将切线开孔刀收回到切线连箱内，见图 6-6。

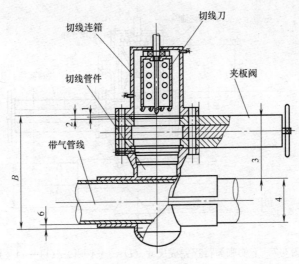

图 6-6　切线行程完成尺寸（$B=2+3+4+6$）

1—中心钻尖至连箱口尺寸（mm）；2—刀尖至连箱口尺寸（mm）；3—夹板阀口至管顶尺寸（mm）；4—管道外径尺寸（mm）；5—接线孔马鞍块高度尺寸（mm）（查表）；6—刀具切削抄位量尺寸（mm），一般取 2～5mm

（22）按照夹板阀关闭的圈数或关闭的尺寸关闭阀门。

（23）关闭平衡压力管阀门，打开切线连箱放散阀泄压，拆卸开孔机和切线连箱一侧的平衡压力管。

（24）利用起重设备将开孔机平缓吊离作业区，起重臂回位。

封堵作业：

（1）利用起重设备将封堵设备平缓吊装于夹板阀上，并核对膨胀筒开口对准来气方向。

（2）连接平衡压力管于封堵连箱，打开平衡压力孔和封堵连箱上的放散阀，放散置换至合格，关闭放散阀门。打开夹板阀并开启到位，对封堵管件及开孔设备连接部位检测严密度。如不合格利用平衡压力管放散阀泄压，重新安装封堵设备，直至检测合格。

（3）参照下膨胀筒到位的行程尺寸，见图6-7。

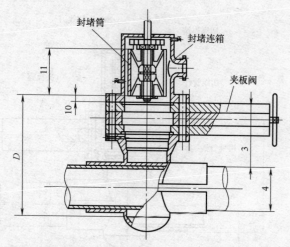

图 6-7　下膨胀筒行程完成尺寸（$D=3+4+10+(11-4)/2$）
3—夹板阀口至管顶尺寸（mm）；4—管道外径尺寸（mm）；10—膨胀筒底至连箱口尺寸（mm）；11—膨胀筒高度尺寸（mm）

（4）下膨胀筒到位，脱开导向块，并夹紧在丝杠扁上继续逆时针转动丝杆手柄使膨胀筒胀开，实现对管路的封堵。

（5）关闭封堵连箱上的放散阀，打开平衡压力管上放散阀泄压，将管内压力放空。如果持续放散，证明封堵不严，需要重复封堵程序，直至封堵合格为止。

（6）对待废除管线放散点进行放散泄压至燃气压力为零。

（7）在平衡压力管放散阀上连接空气吹扫装置或氮气吹扫装置管向待废除管线进行氮气吹扫置换，氮气向待废除进行吹扫置换，置换压力控制在 5000Pa 以下，氮气置换时温度应控制在 5℃以上。同时在带待废除管线末端放散点放散检测，燃气浓度达到 1%以下为合格后，关闭平衡压力管放散阀，拆除吹扫氮气装置。

（8）断管位置设在平衡压力孔后 0.25～0.6m 处，进行断管，断管长度大于 0.5m。压力级制为 0.4MPa 以下、DN400（不含）管线永久性切线可去除压力平衡孔。

（9）各自在平衡压力孔一侧焊接堵板或封头。

（10）开启平衡压力管放散阀和封堵连箱放散阀，在平衡压力孔下堵连箱放散阀放散置换，合格后关闭放散阀。

（11）对焊接后堵板或封头进行严密度检测，如有泄漏，关闭封堵连箱放散阀，打开平衡压力管放散阀，放散泄压至零，利用氮气进行重新置换，合格后施焊，进行焊口修复，直至合格达到严密度要求为止。

（12）打开平衡压力阀，确认膨胀筒两侧压力平衡。

（13）顺时针转动丝杆手柄使膨胀筒缩小，将膨胀筒收至封堵连箱内，关闭切线管件夹板阀和平衡压力孔夹板阀，打开平衡压力孔放散阀，将压力放为零。

（14）利用起重设备拆卸封堵器，此时切线作业完成。

下切线孔堵塞：

（1）利用起重设备安装下堵器。

（2）重新将平衡压力管安装于下堵器的放散阀上，打开平衡压力管阀门和下堵器的平衡压力阀门，对下堵器进行置换，直至合格。

（3）打开夹板阀，顺时针旋动主轴手柄将堵塞下行到法兰腔内，旋转到计算尺寸后，按旋出锁块圈数，锁紧堵塞。逆时针旋转主轴手柄主轴不能上升时，证明堵塞被锁住，然后，依次在堵塞法兰四周安装锁块孔丝堵。

（4）关闭平衡孔的阀门，缓慢打开下堵连箱的放散阀，检查接线管件堵塞的密封性。如有泄漏，需重复下堵塞程序，直至合格为止。

（5）反向旋转接线孔下堵器测量杆上的手柄，使下堵器中心螺杆与下堵锥柄脱离，反向旋转主轴手柄，将主轴收回连箱。

（6）打开平衡孔的阀门，对平衡压力孔管件下堵塞后，打开平衡压力管放散阀泄压、检测，如有泄漏，需重复下堵塞程序，直至合格。

（7）反向旋转平衡压力孔下堵器测量杆上的手柄，使下堵器中心螺杆与下堵锥柄脱离，反向旋转主轴手柄将主轴收回连箱。

（8）再将压力平衡管打开放散阀泄压、检测，如有泄漏，需重复下堵塞程序，直至合格。

（9）拆卸平衡压力管，利用起重设备吊装拆卸，切线孔下堵器和平衡压力孔下堵器，再用可燃气体检测仪进行检漏，如合格，依次再拆卸夹板阀。

（10）在堵塞法兰腔内均匀涂抹锂基脂（工业黄油），然后，依次安装法兰盖堵。

（11）管理单位对作业点除锈防腐、警示带、信息球和作业坑回填进行检测验收。至此切改线作业全部完成。

当下游用气量较小时采用下接法，如图6-8所示。

第二种为临时性切改线（改线位置所在管线输配情况为环状管网），采取临时停气改造作业方式，如图6-9所示。

（1）液压站试车，检查压力表的压力是否稳定，液压系统是否漏油，检查正常后，接通高压供油管、回油管。

（2）首先在平衡压力孔的阀门上安装开孔机进行开孔，开孔结束后把钻头收回到连箱，关闭阀门，进行严密度检测，合格后，开孔连箱泄压，卸下开孔机，安装下堵器（安装好堵塞），并将平衡压力管分别与切线连箱连接。

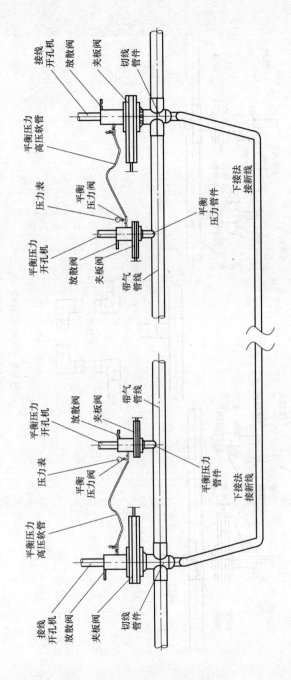

图 6-8 下接法永久性改线

注：该接法适用于下游用气量较小、埋深不够、现场焊接位置不够等特殊情况。
操作步骤：与前面永久性接线步骤相同。

95

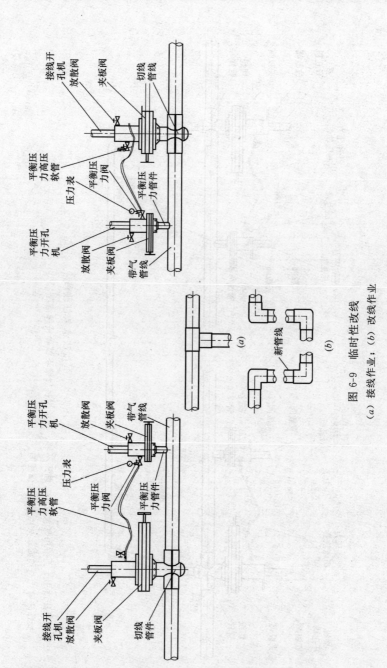

图 6-9　临时性改线

(a) 接线作业；(b) 改线作业

96

（3）打开平衡压力管阀门，将切线连箱置换合格，待压力平衡后，分别对切线管件、开孔附属设备及与夹板阀连接部位和切线管件的焊道进行严密度检测。

（4）如上述严密度检测不合格时，先关闭平衡压力管阀门，利用切线连箱放散处进行放散，分别将切线连箱内压力放至为零。用氮气或空气吹扫，置换检测合格后，对焊道进行返修或对设备重新组装，直至合格。

（5）将切线开孔机手柄置于空挡位置，接通油路，检查钻杆旋转方向，按照刀具转速表测定转速，根据转速调节液压站的排量。

（6）将切线开孔机手柄调至自动进给挡，分别进行开孔。

（7）待切线孔完成至切削行程尺寸时停钻，将开孔机手柄调至空位挡，逆时针旋转 3～4 圈，确认开孔完成，用摇把顺时针旋转，按起始尺寸将切线开孔刀收回到切线连箱内，见图 6-10。

（8）按照夹板阀关闭的圈数或关闭的尺寸关闭阀门。

（9）关闭平衡压力管阀门，分别打开切线连箱放散阀泄压，拆卸开孔机和切线连箱一侧的平衡压力管。

（10）利用起重设备将开孔机平缓吊离作业区，起重臂回位。

封堵作业：

（1）分别利用起重设备将封堵设备平缓吊装于夹板阀上，并核对膨胀筒开口，对准来气方向。

（2）各自连接平衡压力管于封堵连箱，打开平衡压力孔和封堵连箱上的放散阀，放散置换至合格，关闭放散阀门。打开夹板阀并开启到位，对封堵管件及开孔设备连接部位检测严密度。如不合格利用平衡压力管放散阀泄压，重新安装封堵设备，直至检测合格为止。

（3）各自按照下膨胀筒到位的行程尺寸，见图 6-11。

（4）分别下膨胀筒到位，脱开导向块，并夹紧在丝杠扁上继续逆时针转动丝杠手柄使膨胀筒胀开，实现对管路的局部断开。

（5）各自关闭封堵连箱上的放散阀，分别打开平衡压力管上

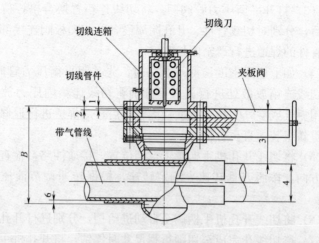

图 6-10 切线行程完成尺寸（$B=2+3+4+6$）

1—中心钻尖至连箱口尺寸（mm）；2—刀尖至连箱口尺寸（mm）；

3—夹板阀口至管顶尺寸（mm）；4—管道外径尺寸（mm）；

5—接线孔马鞍块高度尺寸（mm）（查表）；6—刀具切

削抄位量尺寸（mm）一般取 2～5mm

放散阀泄压，将局部管线内压力放空。如果持续放散证明封堵不严，需要重复封堵程序，直至封堵合格。

（6）对待改造局部管线放散点进行放散泄压至燃气压力为零。

（7）在平衡压力管放散阀上连接空气吹扫装置或氮气吹扫装置管，向待废除管线进行氮气吹扫置换，氮气向待废除进行吹扫置换，置换压力控制在 5000Pa 以下，氮气置换时温度应控制在 5℃以上。同时在待废除管线末端放散点放散检测，燃气浓度达到 1％以下为合格后，关闭平衡压力管放散阀，拆除吹扫氮气装置。

（8）管线局部吹扫合格，根据实际需要进行局部停气改造。

（9）局部停气改造作业结束，连接一侧压力平衡装置，利用压力平衡对改造后新线进行置换。置换压力控制在 5000Pa 以

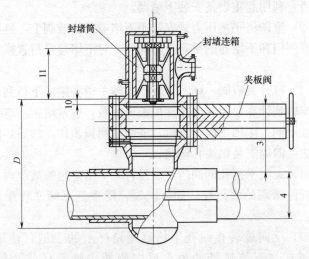

图 6-11 下膨胀筒行程完成尺寸（$D=3+4+10+(11-4)/2$）

3—夹板阀口至管顶尺寸（mm）；4—管道外径尺寸（mm）；

10—膨胀筒底至连箱口尺寸（mm）；11—膨胀筒高度尺寸（mm）

下，应由管线管理单位负责检测，连续检测 3 次，每次间隔不小于 5min，当燃气浓度大于 90％时为合格。

（10）置换检测合格，待压力串平后对改造后的焊道进行严密性检测，如焊道严密度检测不合格时，利用内压力平衡，将待改造局部管线进行放散，压力在 1.0MPa、2.5MPa 时应将管线压力放至为零。再利用平衡压力管放散阀进行氮气或空气吹扫置换，在新管线放散处检测，燃气浓度低于 1％合格后，应对焊道进行打磨，然后返修，直至合格。

（11）打开平衡压力阀，确认膨胀筒两侧压力平衡。

（12）顺时针转动丝杆手柄使膨胀筒缩小，将膨胀筒收至封堵连箱内，关闭切线管件夹板阀和平衡压力孔夹板阀，打开平衡压力孔放散阀，将压力放为零。

（13）利用起重设备拆卸封堵器。

下切线孔堵塞：

（1）利用起重设备安装下堵器。

（2）重新将平衡压力管安装于下堵器的放散阀上，打开平衡压力管阀门和下堵器的平衡压力阀门，对下堵器进行置换，直至合格。

（3）打开夹板阀，顺时针旋动主轴手柄将堵塞下行到法兰腔内，旋转到计算尺寸后，按旋出锁块圈数，锁紧堵塞。逆时针旋转主轴手柄，主轴不能上升时，证明堵塞被锁住，然后，依次在堵塞法兰四周安装锁块孔丝堵。

（4）关闭平衡孔的阀门，缓慢打开下堵连箱的放散阀，检查接线管件堵塞的密封性。如有泄漏，需重复下堵塞程序，直至合格。

（5）反向旋转接线孔下堵器测量杆上的手柄，使下堵器中心螺杆与下堵锥柄脱离，反向旋转主轴手柄将主轴收回连箱。

（6）打开平衡孔的阀门，对平衡压力孔管件下堵塞后，打开平衡压力管放散阀泄压、检测，如有泄漏需重复下堵塞程序，直至合格。

（7）反向旋转平衡压力孔下堵器测量杆上的手柄，使下堵器中心螺杆与下堵锥柄脱离，反向旋转主轴手柄，将主轴收回连箱。

（8）再将压力平衡管打开放散阀泄压、检测，如有泄漏，需重复卜堵塞程序，直至合格。

（9）拆卸平衡压力管，利用起重设备吊装拆卸，切线孔下堵器和平衡压力孔下堵器，再用可燃气体检测仪进行检漏，如合格依次再拆卸夹板阀。

（10）在堵塞法兰腔内均匀涂抹锂基脂（工业黄油），然后，依次安装法兰盖堵。

（11）管理单位对作业点除锈防腐、警示带、信息球和作业坑回填进行检测验收。

采用临时线后进行切改线作业，见图 6-12。

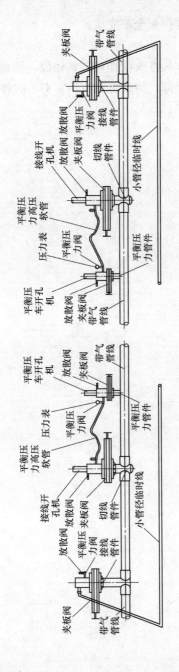

图 6-12 采用临时线后进行切改线作业

注：1. 该改造管线为小管径中压 DN200（含）及以下。
  2. 该作业改造周期较短，为期不超过 5d。
  3. 该改造管线区域燃气用户气量较小。

101

至此临时性切改线作业全部完成。

操作步骤：

该种改线方式与永久性改线作业方式相似，区别点在于临时管线安装在接线管线上部，待改造结束后需对临时性管线进行吹扫，检测合格后可拆除。

第7章 燃气 PE 管道不停输作业操作要求

PE 管线的开孔封堵作业，有单端封堵和两端封堵两种类型。单端封堵采用一套开孔、封堵设备，而两端封堵则需要两套开孔封堵设备。在输配管网中，一般情况下的接线、切线、改线、更换阀门等施工作业，大部分采用两端封堵类型。无论是单端封堵还是两端封堵，设备的操作使用方法基本相同，下面将以两端封堵来阐述燃气 PE 管道不停输作业操作步骤，两端封堵工作原理见图 7-1。

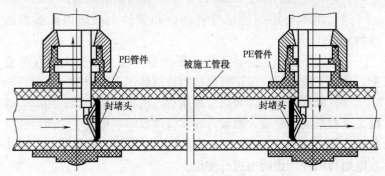

图 7-1 两端封堵工作原理

7.1 设备检查

PE 管道设备检查应按照钢制管道设备检查要求进行。

7.2 作业前准备工作

PE 管道土方作业要求、作业人员要求等应参照钢制管道作业要求进行。

7.3 管件焊接

（1）现场准备工作

根据现场施工条件，将开孔封堵作业坑与割管接线（换阀）作业坑分离，这样能保证开孔封堵作业时母管有较好的支撑。如果作业坑不能分开，要求做好母管的支撑紧固，避免管道受力变形。

（2）确定在母管上的作业孔位置，做出管件安装位置标记。

（3）刮去在母管与管件上鞍座电熔焊接弧面安装处的氧化层，去除氧化层的厚度 0.2～0.3mm，要求刮层均匀。

（4）用苯类溶剂清洁母管刮面和管件上鞍座内圆弧面的油物。

（5）用下托板、连接压板、螺栓将管件上鞍座夹固在母管上，用水平仪检测，保证管件接口顶部处于水平位置。

（6）根据电熔管件表面所贴条形码确定焊接参数，用电熔焊机采用扫描或手动输入参数方式将管件焊牢在母管上，而后让其自然冷却（1h 左右）。管件上鞍座设有电熔焊电流接线柱，操作按电熔焊机使用说明书进行使用。

（7）冷却完毕，安装管件打压帽，强压检测管件与母管焊接部位的严密度。

7.4 机架安装

（1）将机架与管件的连接套旋紧在管件上，安装前应先检查连接套内密封圈是否完好无损伤和老化现象，并加涂润滑油，必要时可用链钳紧固，但不得损伤与机架密封法兰盘连接的密封圈。注：在电熔焊接管件自然冷却期间不得对管件施加外力。

（2）打开机架内扇形闸板，将机架安放在母管上，首先以机架上的密封法兰盘与管件连接套对正插入配合。检查机架密封法兰盘内两道密封〇形圈的密封情况。安装机架时，将旁通球阀安装在需被隔断的母管一侧。搬运或安装机架时，禁止用机架上的放散阀抬拉机架，避免造成放散阀接头密封失效。

（3）将机架两侧的下托板插入机架下方，卡住管道，并用手轮螺钉拉紧连杆，使下托板夹紧在管道上，用圆形螺母旋紧固定好机架。若安装了变径卡环的机架必须用定位螺钉将卡环固定，保证上下卡环两侧间隙均等。

（4）机架上安装试压板或开孔机，对管件的电熔焊接质量和机架各连接处进行气密性测试，试验压力不大于管内介质压力的1.5倍。

7.5 开孔机的安装和钻孔

（1）根据母管管径，选定开孔刀规格，将开孔刀安装在开孔刀主轴上。插入弹性销，并检查刀体上浮动护套，将它下移至刀尖，抵住刀齿，在刀具内部和浮动护套上刷涂润油脂。注：开孔刀刀体与中心钻为可拆卸结构，如有损伤影响正常开孔时，可分解更换。

（2）将连接盘与开孔机相连接后，将开孔刀完全缩入连接盘内腔中，钻杆进给起始刻线全部落出，快速移动外套筒提升至最高限位，用调整螺母上的定位螺钉紧固。注：必须保证开孔机主轴全部缩回，使机架在开孔前后能正常关闭扇形闸板阀。

（3）用专用扳手打开闸板，打开放散阀，关闭旁通阀。

（4）将与刀具等组装后的开孔机安装到机架上，要求安装时中心钻不能碰伤闸阀接口内壁，开孔机与闸阀接口找正同心后方可旋入。

（5）开孔机与机架连接后进行气密性测试，检查开孔机及其连接部位的密封性。

（6）将开孔机定位螺钉旋松，握住手柄下压，快速移动外套筒，使钻孔下降，当中心钻尖抵至母管外缘时，调整定位螺母，使定位螺钉与导向套管上的定位孔对正，并锁定。

（7）按顺时针方向扳动旋转，手动盘车至管顶，开始开孔作业。

（8）开孔直至有气体从放散阀中溢出，关闭连箱放散阀，关闭开孔机，对新管线末端进行燃气检测，浓度降为零后，关闭放散阀，重新启动开孔机。

（9）直至开孔结束。

（10）逆时针旋转操作手柄，将钻杆回收到开孔连箱中，观察起始刻线完全露出，关闭阀门，打开放散阀，卸下开孔机。

（11）将开孔刀从开孔机钻杆取下，用六角扳手旋脱刀体与刀柄连接螺钉，边转边拉，取出中心钻，将切屑和落料从刀体中取出，重新安装好开孔刀。注：刀齿锋利，请带好手套拆装。

（12）另外一处封堵机开孔步骤同上。

7.6　管道清扫

准备与封堵管径规格相对应的清扫设备对封堵区域进行清扫。

7.7　封堵

（1）准备与封堵管径规格相对应的封堵头，将其与封堵器两半圆连接板相连，将封堵器操作手柄座上的定位卡销拔出，检查封堵头中缝贴合情况，要求全长不透光并有少量过盈凸起方可。将封堵头圆周处和中缝结合处涂满润滑脂，润滑脂起到保护封堵头作用，使封堵头与管壁贴合更紧密。

（2）收拢封堵头至关闭位置，将封堵头提升至连接盘内腔中，用锁紧手柄旋紧压盖螺母，连接盘上密封球体被封堵器压缩使主轴不能下移，摆正封堵头，使封堵头外径不突出连接盘螺纹。注：本工序要求在施工作业开始前进行设备配套准备时完成。

（3）取下封堵器操作手柄，将封堵器手动旋入机架上端口，直至螺纹到位，慢慢旋松连接盘，使连接盘箭头与闸阀进口处的箭头对齐，旋紧连接盘上的定位螺钉，使封堵器连接盘固定，偏心主轴的位置也得以确定。

（4）安装封堵器控制杆手柄。控制手柄必须与母管的轴向同向，并且要朝着母管施工方向。若没有满足此条件可慢慢旋松压盖螺母，松开密封球体，旋转控制手柄，满足上述要求。

（5）起动平衡阀，使机架上闸板两侧压力平衡，压力表指示稳定后，关闭平衡阀。

（6）用专用扳手打开机架上的扇形闸板，旋松封堵器压盖螺母，用手按压封堵器控制手柄至下行刻线位置，使封堵器封堵头穿过闸阀，插入母管内直至底部。注：旋松压盖螺母可能会使球体密封产生轻微泄漏，可慢慢旋紧使之不再泄漏。封堵头下移过程中仅可操纵一根控制杆。

（7）同时旋转两根控制杆手柄，使之与管道轴向成 90° 夹角。

（8）拉开定位卡销，打开控制手柄，折叠封堵头被打开，两控制手柄打开后与管道平行，用卡销将控制杆重新定位。

（9）将封堵器控制杆旋转 90°，使手柄座上的红色箭头对正需要施工的管段方向。

（10）对被封堵后的管段放散降压，确认密封可靠后，将封堵器主轴用螺母压盖锁紧，取下控制手柄，防止误操作。

（11）将控制杆向母管施工段反方向推拉，使封头插入管道，偏向母管施工方向一侧。

7.8 管线施工作业

用户对被封堵后的管线根据自己的需要进行施工作业。

7.9　撤除封堵

（1）安装封堵器上控制手柄，稍稍松开螺母压盖，操作者面对被封堵施工管段，转动控制手柄，使之与管道成 90°夹角。

（2）拔出定位卡销，收拢控制手柄，并重新用卡销定位。

（3）旋转控制杆手柄与管道轴向平行，并对着被封管段方向，提升封堵器，退回至最高位置，锁紧螺母压盖，拆除控制手柄。注意：操作者头部不能在控制杆上方。

（4）关闭闸阀，打开放散阀，检查扇形闸阀是否关闭到位。是否密封可靠，也可再关闭放散阀观察压力表是否有因泄漏而升压现象。

（5）两处封堵机完成以上操作后，拆除旁通管。

松开连接盘定位螺钉，旋松封堵器连接盘，拆下封堵器。

注：封堵作业若有泄漏时，应认真检查封堵头是否破损、操作步骤是否正确，而后再重新进行封堵。当两端封堵时，拆除封堵时应先拆除下游，再拆除上游。

7.10　下堵塞

（1）下堵器的操作准备

先将下堵器的手柄置于"空位"挡，然后松开锁定扳机。

将管件配套堵塞靠住下堵器下端顶杆，轻轻推动堵塞，然后手动旋转堵塞进入下堵左右钳口，安装到位。

按压锁定扳机，操作控制手柄置于"定位"位置。检查堵塞与下堵器是否连接牢固，弹性卡板是否能手动收拢并自动弹开，堵塞下端的平衡顶杆上安装的密封○形圈是否完好。

（2）手动旋转将下堵器连接盘与机架连接牢固。

（3）关闭放散阀，打开平衡阀，平衡扇形阀板两侧压力，观察压力表直至显示压力稳定，用专用扳手打开闸板。

（4）提起下堵器主轴并旋转 90°，使主轴与连接盘脱离，然后下压，确定到达下堵的正确位置。注意按住控制杆，防止在介质压力的作用下产生反弹。

（5）操纵控制杆至"定位"挡，先下移再慢慢上移，当堵塞卡板到位时能听到"咔嗒"一声，说明堵塞卡板已在管件限位孔内打开，这时需继续提升下堵主轴，检查是否正确定位，若定位可靠则主轴不能上移。

（6）操纵控制杆至"空位"挡，提升主轴使下堵器与堵塞脱离，将下堵器完全收回并旋转主轴，打开放散阀，检查密封性，若密封性不符合要求，需重新提出堵塞。并检查原因，排除后重新下堵。

7.11　封堵扫尾

（1）松开机架两侧板上的夹紧手把和蝶形螺钉，拆除机架下托板。

（2）将机架从母管上提下来，由于机架与管件间连接套的原因，机架应垂直平衡上提。

（3）拆除管件上的连接套。

（4）将防护帽拧紧在管件上，可用专用链钳拧紧。

注：操作者头部不能正对着防护帽，以免意外伤人。

7.12　在管件中提取堵塞

在 PE 管线的施工中，如果在原作业处需更换管件中的堵塞或重新封堵时，则需要进行提堵操作，将管件中的堵塞取出，具体操作如下：

（1）用专用扳手拧开管件上的防护帽，在防护帽完全打开前应通过帽上的通气孔来确定是否有介质泄漏。

（2）机架安装（参考 7.4）。

（3）用专用扳手打开闸阀闸板，关闭放散球阀。通过放散阀门向机架内注入氮气，压力和管道介质压力相同。

（4）将下堵器装在机架上，控制手轮将操作杆下推至堵塞处，慢慢旋转手轮并轻轻予以向下推力，直至操作杆进入堵塞中间提堵孔内，左旋1/4圈直至碰到堵塞销钉，手轮阻力增大。慢慢施加一定力以左旋方式旋转手轮，使堵塞慢慢从电熔管件螺纹中退出。

（5）由于机架内有压力，堵塞退出后，受压力影响，下堵器操作杆会被动向上滑动，此时需握紧手轮，慢慢提升至最高位，锁紧螺母。

（6）用专用扳手关闭闸板，打开放散阀。

（7）拆卸下堵器，检查堵塞悬挂情况，检查堵塞上各件是否有损伤，〇形圈是否完好，并做好标记存放保管以备安装使用。

注：后续的工作，根据用户的需要，参照前述各项步骤进行。

附件 1：管路不停输开孔封堵设备培训资料（仅供参考）

1. 用途和特点：

本系列设备是专供管线不停输开孔接线、封堵切线施工作业的设备。主要应用在带压管线正常运行的情况下对管线进行维修、抢修、加接旁路、更换或加设阀门、更换管段和管线局部改造以及处理管线内部故障的成套设备。改变了传统的停输、降压、放散、动用明火的作业方式。减少了经济损失和对环境的不良影响。并可避开夜间作业，减少人力、物力的投入，提高工作效率，降低劳动强度和介质消耗，避免作业风险，提高了安全性和可靠性。

附图 1-1 手动 KKJ75 型开孔机

附图 1-2 液动 KKJ300 型开孔机

2. 主要设备：

管路不停输开孔、封堵设备是由主机和辅机两种系列组成。

主机系列是由开孔机、封堵器、下堵器、液压站4种。不同型号和规格的设备相互对应配套组成。

（1）开孔机：实现燃气管道在密闭状态下进行套料切削的专用设备，规格有手动 KKJ75，液动 KKJ150、KKJ300、KKJ500型，如附图 1-1、附图 1-2。

（2）封堵器：FDQS 型封堵器是实现不停输封堵的主要设备。它是在先由开孔机和相应的主辅机配合开出截断切线孔，后由封堵器匹配相应的辅机来实现封堵，如附图 1-3、附图 1-4。

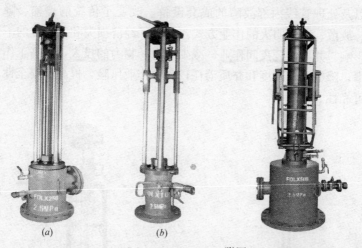

附图 1-3　封堵器

（a）FDQS300；（b）FDQS150

附图 1-4　FDQS500 型封堵器

（3）下堵器：XDQ 型下堵器是用于接线管件、切线管件、压力平衡管件法兰内孔的堵塞密封，如附图 1-5、附图 1-6。

（4）液压站：是为开孔机、封堵器和夹板阀提供动力源的设备，规格有 YYZ150 型、YYZ300 型、YYZ500 型，如附图 1-7～附图 1-9。

附图 1-5　XDQ 300 型下堵器

附图 1-6　XDQ 500 型下堵器

附图 1-7　YYZ150 型液压站

附图 1-8　YYZ300 型液压站

附图 1-9　YYZ500 型液压站

3. 辅机：

辅机是由连箱系列（连箱分为：接线连箱、封堵连箱、切线连箱、下堵连箱）开孔刀具、夹板阀、封堵筒、管件组成。附属设备是根据不同的作业方式（开接线孔或切线孔）和管径大小来匹配不同的主辅机使用。

（1）连箱：分为接线连箱、封堵连箱、切线连箱、下堵连箱。

接线连箱用于连接开孔机和夹板阀，并将接线刀具置于其中，规格有 JXLX50、JXLX100、JXLX150、JXLX200、

附图 1-10　JXLX400 接线连箱

JXLX250、JXLX300、JXLX400、JXLX500、JXLX600、JX-
LX700 型，如附图 1-10。

切线连箱用于连接开孔机和夹板阀，并将切线刀具置于其
中，规格有 QXLX100、QXLX150、QXLX200、QXLX250、
QXLX300、QXLX400、QXLX500、QXLX600、QXLX700 型，
如附图 1-11。

封堵连箱用于连接封堵器和夹板阀，并将膨胀筒置于
其中，规格有 FDLX100、FDLX150、FDLX200、FDLX250、
FDLX300、FDLX400、FDLX500、FDLX600、FDLX700 型，
如附图 1-12。

附图 1-11　QXLX400 切线连箱

附图 1-12　FDLX300 型封堵连箱

下堵连箱起连接下堵器与夹板阀的作用，并将管件法兰堵塞
藏于其中，如附图 1-13。

以上四种规格系列的连箱的上部带有放散阀和平衡压力阀，
放散阀用于排放空气和介质。对于易燃易爆的管线开孔封堵作
业，可利用平衡压力阀向连箱内注入氮气进行保护和对接线、切
线平衡压力管件在母管上的焊接质量、设备连接面的密封情况进
行压力检查，以及压力平衡等。

附图 1-13 XDQ500 型下堵器（上）与 XDLX500 型下堵连箱（下）

（2）开孔刀：分为 JXD 接线刀、QXD 切线刀。

接线刀：用于燃气管线接线的专用刀具，规格有 JXD50、（JXD80）、JXD100、JXD150、JXD200、JXD250、JXD300、JXD400、JXD500、JXD600、JXD700 型，如附图 1-14。

附图 1-14 接线刀具：JXD150

切线刀：用于燃气管线切线的专用刀具，规格有（QXD80）、QXD100、QXD150、QXD200、QXD250、QXD300、QXD400、QXD500、QXD600、QXD700 型，如附图 1-15。

中心钻：用于接线、切线刀定位，同时本体设有 U 型卡环，

116

附图 1-15　切线刀具：QXD80

用于取出切块，如附图 1-16。

附图 1-16　中心钻

　　（3）夹板阀：JBF 连接开孔封堵设备的专用闸阀，规格有手动型 JBF50、JBF100、JBF150、JBF200、JBF250、JBF300；液动型为 JBF300、JBF350、JBF400、JBF500、JBF600、JBF700、JBF800。夹板阀启闭方式分为手动和液动两种，如附图 1-17、附图 1-18。

　　（4）膨胀筒：用于燃气管线切线或改线时堵塞气源的专用部件，规格有（PZT80）、PZT100、PZT150、PZT200、PZT250、PZT300、PZT400、PZT500、PZT600、PZT700 型，如附图 1-19。

附图 1-17　手动型 JBF300 夹板阀

附图 1-18　液动型 JBF350 夹板阀

附图 1-19　膨胀桶（从左到右型号依次为：
PZT600、PZT500、PZT400）

（5）管件：JXGJ 接线管件、QXGJ 切线管件和平衡压力管。

接线管件：按管件功能分为三通管件、四通管件、球形管件，如附图 1-20。

切线管件：按管件功能分为四通管件、球形管件。如附图 1-21、附图 1-22。

附图 1-20　1.6MPa　JXGJ300×325 型接线管件

附图 1-21　切线管件：QXGJ-250

附图 1-22　球形管件：BQSHD300

附件 2：现场危险源辨识资料（仅供参考）

1. 危险环境辨识

（1）作业坑区域内未清除杂物，现场器材混乱。由于现场监护不到位，同时非作业人员在附近行走，导致杂物或器材坠落，危害人身安全。预防措施：作业时应拉好警戒线，摆放警戒标，将作业坑周围的杂物及时清理干净。

（2）作业时工作人员未按安全操作规程进行施工，不听从指挥，擅自操作，导致作业时存在安全隐患，危害人身安全。预防措施：所有操作人员必须严格按照操作规程进行作业，听从指挥保证作业安全。

（3）作业现场、作业坑监护不到位，放散时有非作业人员携带火源进入污染区，导致着火、爆燃，危害人身安全。预防措施：作业现场必须设专人进行监护，严格防止非作业人员进入。

（4）作业人员未按规定佩戴安全防护用品，危害自身安全。预防措施：作业时所有作业人员必须穿戴好防护服，佩戴安全帽，并有专人监护。

（5）掀天窗、砌墙时，作业人员不佩戴防毒面具，过高的燃气浓度容易导致操作人员窒息甚至死亡。预防措施：作业时操作人员必须戴好防毒面具，确保安全的操作环境。

（6）雨雪天气、油污等造成设备表面湿滑，导致操作人员摔倒滑落，造成摔伤。预防措施：作业时如遇雨雪天气，应及时上报主管领导，适时停止或延时作业，保障作业安全。

2. 设备紧急状况辨识

（1）预制法兰时，将带气管道焊透，导致燃气泄漏、爆炸，危害人身安全。预防措施：焊接法兰时应严格测量壁厚尺寸，确定电流大小，防止将带气管线焊漏。

（2）预制过程下料偏差过大，造成开孔机开偏漏气，容易着火，危害人身安全。预防措施：下料过程应设专人检查，严格控制下料尺寸偏差。

（3）预制管件试压时容易超压，导致连接部件脱落或坍塌，危害人身安全。预防措施：管件打压检测时，需向相关单位核实管线压力，确保测试压力与管线内压力一致。

（4）开孔过程中，未按规定操作使设备转速过快，导致卡刀、刀具破损，最后影响作业进度。预防措施：严格按照操作规程执行，严禁违规操作，并设专人进行监护。

（5）作业时，由于开孔设备及配件破损，不齐全，导致开孔机不能正常操作。预防措施：作业前检查所有开孔设备是否齐全，并设专人进行监控。

（6）组装开孔机、下堵器前，未清理接触面，造成燃气泄漏着火，危害人身安全。预防措施：作业时应对开孔辅助设备进行检查清理，防止其影响正常作业。

（7）开孔过程中，管道尺寸测量不准确、计算错误，导致切透管道燃气泄漏着火，危害人身安全。预防措施：作业前对数据进行多次测量，多人核实，保证开孔计算的准确性。

（8）膨胀筒筒皮粘接不牢，造成膨胀筒封堵不严，引起燃气串气爆炸，危害人身安全。预防措施：作业时严格检查膨胀筒皮，并严格按照膨胀尺寸膨胀确定到位。

（9）动火作业时，管线内压力因放散不及时、补气压力过高、阀门失控，造成防火墙内压力过高，导致球胆破损、防火墙松动破裂燃气泄漏，危害人身安全。预防措施：作业时必须有相关专业技术人员到岗监测压力并随时确认管线压力，确保压力值准确。

（10）通信不畅，造成防火墙内压力过高，导致球胆破损、防火墙松动破裂燃气泄漏，危害人身安全。预防措施：必须保证通信设备发放到位，频率一致，确保通信畅通。

（11）使用非防爆工具及电气设施，产生火花，导致爆燃，危害人身安全。预防措施：必须保证所有设备均为防爆产品，避免作业过程中引发爆炸。

3. 设备紧急情况解决办法

（1）电动开孔机开孔过程遇卡阻。

处理方法：必须立即切断电源，将挡位调制手动，向上提刀1～2圈，利用摇把在飞轮上顺时盘车，顺畅后无卡阻将挡位调制进给继续作业。

（2）液动开孔机开孔过程遇卡阻。

处理方法：必须立即停机，将挡位调制空位，向上提刀1～2圈，利用摇把在飞轮上顺时针盘车，顺畅后无卡阻，空挡试车顺畅后停机，将挡位调制进给挡继续开孔作业。

（3）液压管出现憋压现象。

处理方法：将液压管的一端快速接头丝扣联接处用扳手进行松动泄压，或是将液压站停机后反复扳动高压手动换向阀实现泄压。

（4）液压站使用过程中出现无压状态。

处理方法：首先判断电力线是否接错或油压管是否接在一跟油压管上了，需要检查油压管、动力线接头、油箱液面。冬期作业时先要接好液压站运转预热，待液压油充分预热后再启动。如果开孔机仍然不能正常运转，检查液压胶管内液压油是否存在冻阻现象。避免液压油冻阻做好方法是作业前再装车。

（5）液压站运转正常，带快速上下的开孔机不运转，此时应检查开孔机的快慢挡柄是否入位，如挡柄松动，应及时报修。

附件3：工作坑坑底尺寸表（仅供参考）

工作坑坑底尺寸表　　　　　　　　　附表 3-1

任务类型	作业类型	带压管管径	作业坑长度 $L(\mathrm{m})$	作业坑单侧宽度 $W(\mathrm{m})$	带压管管底深度 $H(\mathrm{m})$
接线	手工	DN50	带压管 1.0	带压管两侧各 0.5	带压管下 0.5
		DN80	带压管 1.0	带压管两侧各 0.5	带压管下 0.5
		DN100	带压管 2.0	带压管两侧各 1.0	带压管下 0.5
		DN150	带压管 2.0	带压管两侧各 1.5	带压管下 0.5
		DN200	带压管 2.5	带压管两侧各 1.5	带压管下 0.5
		DN250	带压管 2.5	带压管两侧各 1.5	带压管下 0.5
		DN300	带压管 3.0	带压管两侧各 1.5	带压管下 0.5
		DN400	带压管 4.0	带压管两侧各 2.0	带压管下 0.5
		DN500	带压管 4.0	带压管两侧各 2.0	带压管下 0.5
		DN600	带压管 4.0	带压管两侧各 2.0	带压管下 0.5
		DN700	带压管 4.0	带压管两侧各 2.0	带压管下 0.5
	机械	DN50	带压管 2.0	带压管两侧各 1.0	带压管下 0.5
		DN80	带压管 2.0	带压管两侧各 1.0	带压管下 0.5
		DN100	带压管 2.0	带压管两侧各 1.0	带压管下 0.5
		DN150	带压管 2.0	带压管两侧各 1.5	带压管下 0.5
		DN200	带压管 2.5	带压管两侧各 1.5	带压管下 0.5
		DN250	带压管 2.5	带压管两侧各 1.5	带压管下 0.5
		DN300	带压管 3.0	带压管两侧各 1.5	带压管下 0.5
		DN400	带压管 4.0	带压管两侧各 2.5	带压管下 0.5
		DN500	带压管 4.0	带压管两侧各 2.5	带压管下 0.5
		DN600	带压管 4.0	带压管两侧各 2.5	带压管下 0.5
		DN700	带压管 4.0	带压管两侧各 2.5	带压管下 0.5

任务类型	作业类型	带压管管径	作业坑长度 L(m)	作业坑单侧宽度 W(m)	带压管管底深度 H(m)
切线	手工	$DN50$	带压管 2.0	带压管两侧各 1.0	带压管下 0.5
		$DN80$	带压管 2.0	带压管两侧各 1.0	带压管下 0.5
		$DN100$	带压管 2.0	带压管两侧各 1.0	带压管下 0.5
		$DN150$	带压管 2.0	带压管两侧各 1.5	带压管下 0.5
		$DN200$	带压管 2.5	带压管两侧各 1.5	带压管下 0.5
		$DN250$	带压管 2.5	带压管两侧各 1.5	带压管下 0.5
		$DN300$	带压管 3.0	带压管两侧各 1.5	带压管下 0.5
		$DN400$	带压管 4.0	带压管两侧各 2.0	带压管下 0.5
		$DN500$	带压管 4.0	带压管两侧各 2.0	带压管下 0.5
		$DN600$	带压管 4.0	带压管两侧各 2.0	带压管下 0.5
		$DN700$	带压管 4.0	带压管两侧各 2.0	带压管下 0.5
切线	机械	$DN50$	带压管 2.0	带压管两侧各 1.0	带压管下 0.5
		$DN80$	带压管 2.0	带压管两侧各 1.0	带压管下 0.5
		$DN100$	带压管 2.0	带压管两侧各 1.0	带压管下 0.5
		$DN150$	带压管 2.5	带压管两侧各 1.5	带压管下 0.5
		$DN200$	带压管 2.5	带压管两侧各 1.5	带压管下 0.5
		$DN250$	带压管 3.0	带压管两侧各 1.5	带压管下 0.5
		$DN300$	带压管 3.0	带压管两侧各 1.5	带压管下 0.8
		$DN400$	带压管 4.0	带压管两侧各 2.5	带压管下 0.8
		$DN500$	带压管 5.0	带压管两侧各 2.5	带压管下 0.8
		$DN600$	带压管 5.0	带压管两侧各 2.5	带压管下 0.8
		$DN700$	带压管 5.0	带压管两侧各 2.5	带压管下 0.8

任务类型	作业类型	带压管管径	作业坑长度 L(m)	作业坑单侧宽度 W(m)	带压管管底深度 H(m)
混合	手工	DN50	带压管 2.5	带压管两侧各 1.0	带压管下 0.5
		DN80	带压管 2.5	带压管两侧各 1.0	带压管下 0.5
		DN100	带压管 2.5	带压管两侧各 1.0	带压管下 0.5
		DN150	带压管 3.0	带压管两侧各 1.5	带压管下 0.5
		DN200	带压管 3.0	带压管两侧各 1.5	带压管下 0.5
		DN250	带压管 3.5	带压管两侧各 2.0	带压管下 0.5
		DN300	带压管 3.5	带压管两侧各 2.0	带压管下 0.5
		DN400	带压管 3.5	带压管两侧各 2.5	带压管下 0.5
		DN500	带压管 4.0	带压管两侧各 2.5	带压管下 0.5
		DN600	带压管 4.0	带压管两侧各 2.5	带压管下 0.5
		DN700	带压管 4.0	带压管两侧各 2.5	带压管下 0.5
	机械	DN50	带压管 3.5	带压管两侧各 1.5	带压管下 0.5
		DN80	带压管 3.5	带压管两侧各 1.5	带压管下 0.5
		DN100	带压管 3.5	带压管两侧各 1.5	带压管下 0.5
		DN150	带压管 4.0	带压管两侧各 1.5	带压管下 0.5
		DN200	带压管 4.0	带压管两侧各 2.0	带压管下 0.5
		DN250	带压管 5.0	带压管两侧各 2.0	带压管下 0.5
		DN300	带压管 5.0	带压管两侧各 2.0	带压管下 0.8
		DN400	带压管 5.0	带压管两侧各 2.5	带压管下 0.8
		DN500	带压管 6.0	带压管两侧各 2.5	带压管下 0.8
		DN600	带压管 6.0	带压管两侧各 2.5	带压管下 0.8
		DN700	带压管 6.0	带压管两侧各 2.5	带压管下 0.8

注：管径大于 DN700 的作业，作业坑可参照混合作业的作业坑要求。